U0337355

中国景观设计年鉴

CHINESE LANDSCAPE YEARBOOK 2018-2019

2018–2019

（上册）

《中国景观设计年鉴》编辑部　编

辽宁科学技术出版社

·沈阳·

设计的中正平和

《传习录·上》(七七),陆澄问阳明先生:

"喜怒哀乐之中和,其全体常人故不能有。"

"如一件小事当喜怒者,平时无喜怒之心,至其临时,亦能中节,亦可谓之中和乎?"

意思是人在情感正常状态下,想要全体具备一种中正平和的状态,实属不易。那么进一步的问题是,如果平时已经做到不含喜怒,而生活中又遇到一件理应高兴或者愤怒的小事,而这时也能使感情符合中正的标准,是否也算得上是中正平和?

做景观设计的过程中,设计师们时常也希望自己进入一个中正平和的状态,以此来达到某种比较理想的设计状态,在这个状态中,可能可以更好地理解场地、文化、人的行为以及艺术创造。相信在当下中国景观设计一线,有不在少数的设计师已然可以全体具备这种中正平和的状态。

然而,陆澄的进一步提问未必没有戳中已然中正平和的设计师们的脊梁——我们应该有勇气去面对这个问题。

景观设计过程中林林总总的事情总会生发出来,对设计师这个创造主体来说,遇到激发灵感和想法的事情会很开心,遇到阻碍构思和想法时就会有情绪,如果敢于坦诚面对这种状况的话,怎样才算是真正的中正平和?

此时暂且不去谈一些做设计的"科学方法",又或者是"问题导向""大数据调研"等理性思维范畴的解决问题的途径,毕竟做设计确实离不开真实的、有感情的创作活动,尤其是一种模糊而又真实的艺术幻象一闪而过的刹那。

其实中正平和即意味着无所偏倚,而似乎设计中作为艺术幻象创造的那部分,又充盈着丰富的个体感情,似乎矛盾。其实陆澄在向阳明先生发问的深层次问题里,就是包含着一个重要的最终目的,中正平和为了什么?正如《中庸》所言:"喜怒哀乐之未发,谓之中;发而皆中节,谓之和。中也者,天下之大本也;和也者,天下之达道也。"这里的天下之大本、达道,就是指中道的根本、平和的大道境界。

而阳明先生向来贯彻"事上练",其回答也言简意赅:"无所不中,然后谓之大本。无所不和,然后谓之达道。唯天下之至诚,然后能立天下之大本。"

所以当景观设计从手中被做出来的那一瞬,还是要看是否达到天下之至诚。

我们常常会思忖:设计中,业主什么想法?领导什么想法?使用者什么想法?媒体什么想法?学术界什么想法?他什么想法?她什么想法?你什么想法?……这些个体或者集体的"想法",本身并无功过是非,也不是本文追问的对象。

我们要追问的是,什么是"中"的大义。也就是怎样做设计才是唯天下之至诚?

阳明先生:"中只是天理。"

澄问:"何者为天理?"

阳明先生:"去得人欲,便识天理。"

澄问:"天理何以谓之中?"

阳明先生:"无所偏倚。"

澄问:"无所偏倚是何等气象?"

阳明先生:"如明镜然,全体莹彻,略无纤尘染着。"

梁尚宇

清创尚景（北京）景观规划设计有限公司　首席设计　创始人
清创华筑人居环境设计研究所　学术主持人

事实上，陆澄关心的是，如果感情并未萌发，名利美色之事也未曾显现，又如何知道其是否有所偏倚？阳明先生回答，正如疟疾病人，虽有些时候没有发病，但病根未去，所以不能认为其是无病之人，名利美色之事，虽未表现出来，但是平日里总有些念头，既有这些念头，就难言没有偏倚。因此，要在平日里将这些念头一一清扫干净，心里纯然是天理，才称之为喜怒哀乐"未发出来时的中正"——这才是"中"的大义，天地间中道的根本。

景观设计过程中，越是杂乱无章，越是要注重内心的清扫。可以想象，如果一个设计师心中挂念着各种名利之事、表现之事、谄媚之事、权谋之事等种种纤尘，是不可能做到无所偏倚的。因此，如果说存在一种比较理想的设计状态的话——那决然不是那种想象中的高格调的书报咖啡、窗明几净、西装领带形象，当然也不是深夜孤灯、陌生城市与雨中街道的设计狗形象——这些都是被娱乐化、用以消费的人造概念，而应该是一种早已渐步渐趋地融入设计对象的真实环境中去的、有些平淡却又十分真实的情感流露状态。

因而，如果我们作为当下中国景观设计实践的主体，并敢于直面越来越核心的设计问题的话，有一万个理由追问设计的内心状态。体察和认知，在平日里注重隔离，至少是适度隔离一些名利之事，哪怕最终在设计的事务性工作中不得不重新面对这些事情，也要在进入设计状态之前，将这些从内心一一扫除，在内心世界中趋于天下至诚。

2017年的年鉴序言中，本论点是以诗学探讨为切入点做过探讨，集中在"诗可以兴""情动于中而形于言"来反思与自我鼓励当下的景观设计创作。

再翻开2018-2019年的年鉴样稿，仔细读了每一个案例的图与文案。总的感受是，各个景观门类的设计实例中，给人以中正平和之感的作品逐渐增多，天下之至诚的设计氛围似乎正在形成，这对于治愈某种设计界的浮躁确实是好的开始。

正如北欧的景观透露着那里的人们对自然与生命的真实理解和感情的真实流露，像电影《白日梦想家》选取了兽人乐队《Dirty Paws》作为插曲所达到的声、乐、景、情的艺术幻象那样，十分希冀我们自己的景观设计，有我们自己的中正平和。

真正天下之大本、天下之达道的东西，也会贯穿人类的文化。就像挪威的森林，从披头士乐队，到村上村树，再到伍佰。

"那里湖面总是澄清，

那里空气充满宁静。"

CONTENT
目录

旅游 & 度假

居住区 & 别墅

—— 公园 & 广场

吉林，长春

Time Enjoying Park of Changchun Vanke

长春万科拾光公园

派澜设计事务所 / 景观设计

建成时间：

2018年

项目面积：

9,000平方米

摄影：

刘惺、林绿

总体设计

设计地块位于长春南部新城，为长春万科的市政代建公共绿地。周边多为新建住宅和新建建筑，缺少街区型公共开放空间。基地南侧为售楼处，东南侧为商铺。

长春作为森林城市，山谷纵横，森林繁茂。优美的自然环境成为我们的设计灵感来源。通过地形塑造、空间围合，让人感受到高高低低不同的变化。

我们希望赋予场地更多的公共空间属性，创设更多开放空间供大众使用。通过增设娱乐设施和活动场所，在提升城市局部环境品质的同时，聚集人气。

街角雕塑设计

道路交叉口的街角，需设计地标性要素，强调入口，增加场所的记忆点。

在思想的碰撞当中，我们希望设置一个异于周边环境、超越于森林谷地的非日常的装置性雕塑，"鲸奇"的想法应运而生。引入海洋生物"鲸鱼雕塑"到内陆森林城市，消解地理学和心理学上的距离，在静止单调的城市生活中增加自由的趣味与新意。

"鲸鱼"雕塑致敬艺术家安尼施·卡普尔的经典之作"云门"。超然的力量与温柔，唤起人内心的温和情感和无限遐思。

儿童活动场地

随着"鲸鱼"的向内延伸，有机曲线构成的儿童活动场地以怀抱的姿态迎接来自四面八方的使用者。

椭圆和自由曲线形成功能性的综合场地。蓝色与黄色的EPDM塑胶地垫拼贴组合，形成几何化场地，容纳安放趣味和想象。

互动景墙

我们希望不仅仅放置一面阻挡视线的隔墙，而是采用翻板景墙的互动方式，激活场地边缘活力，鼓励大家在此游戏、涂鸦与创作。

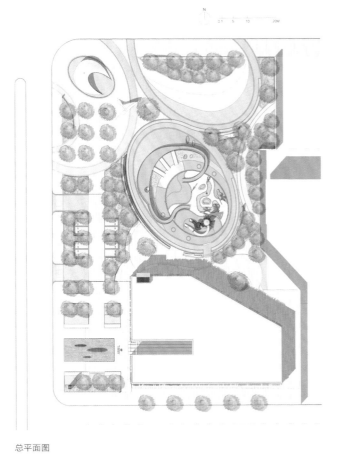

总平面图

镜面水景雕塑

销售中心前的"鲸群"雕塑，巧妙展现出"鲸奇谷地"的不同意趣。夏季水池蓄满，镜面水景反射出鱼群的跃动，冬季水落石出，层层阶梯显露出对山林谷地的回应。

从一个公园场地中探寻城市生活的趣味，在千城一面的城市图景中寻找不同。正如华兹华斯描述的都市生活："尽管这幅图景让人疲倦不堪，本质上是一个桀骜不驯的景象。但并非如此，只要人能定神观看，就能从最渺小之物中，体会最伟大的意义，在局部中不失对总体的把握。"为每个项目量身打造最为恰切的设计，这是我们不变的追求方向。

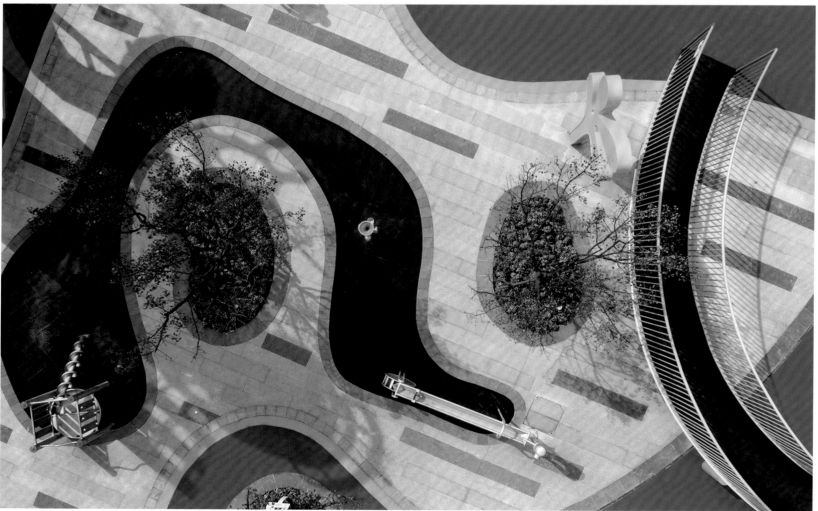

弹跳跑道

有益的活动设施会激发出人的无限探索欲望。兔子跳、青蛙跳、跑跑跳跳……身体和灵魂均在这里得以成长。

江苏，苏州

Sunan Vanke Park Avenue

苏南万科138度
公园大道景观

Lab D+H／景观设计

建筑设计单位：
上海日清建筑设计有限公司
完成时间：
2017年8月
项目面积：
18公顷，示范区4公顷
摄影：
鲁冰

苏南万科138度公园大道项目坐落于江南水乡苏州，由规划的市政道路将场地分成6个独立地块，示范区位于东西中央绿廊的西段和中段。

景观规划设计通过创意思维去营造场地特殊魅力，公园大道具有科技与时尚感并存的雕塑互动装置，多种多样的儿童娱乐设施，自然绿色的草坡等。销售中心室内设计延续景观主题，打破室内外空间的界面，颠覆了传统空间的认知方式。

国际化景观设计理念

在项目启动之初，设计团队借鉴了国外开放公园空间设计思想，在规划前期就提出"景观先行"的先进理念，将原本分割地块的市政规划道路定义为重要的开放公园空间，引导土地规划的有序发展。对美国纽约地标空中花园走廊——高线公园仔细研究后，我们希望在这次的设计中遵从土地-景观的统一与和谐。在规划初期保留林带，形成东西向公园绿廊，通过文化与生态的设计创新理念，在尊重场地特点的同时，又营造时尚艺术生态的公园体验，从而改变人们对户外公园生活方式的认知，带来一种全新的城市会客厅体验。

独特创新的公园主题IP

公园大道设计时我们创新打造一个互动水帘装置，巧妙地将雕塑和水帘互动装置结合在一起，人们可通过手机扫码，与水景发生互动关系。场地中科技与时尚感并存的互动雕塑水景及观演剧场都成了热门IP，吸引大量的人流参与其中，互动水景雕塑已经成为示爱之门，水景观演剧场也衍生为示爱剧场。

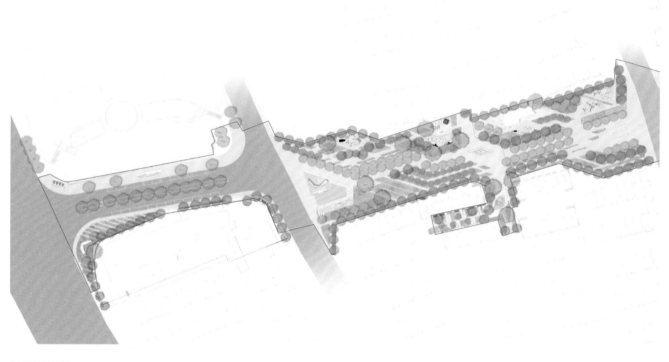

公园西段平面图

概念图

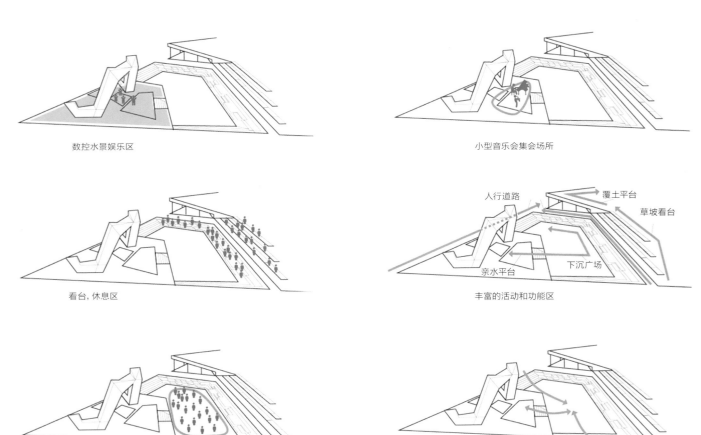

数控水景娱乐区

小型音乐会集会场所

看台，休息区

丰富的活动和功能区

人行道路　　覆土平台

草坡看台

亲水平台　　下沉广场

大型活动集会场所

便捷的可达性，与周围环境、道路自然地融合

景观亮点一："水的织锦"——编织场地

在项目中我们提出"水的织锦"设计概念，提取江南安静水面波光粼粼黑白变化的自然韵律肌理，将它以菱形织锦的方式编织出基本的场地，它是大量铺装、花池坐凳、起伏地形的母题……赋予场地完整的意义，统一的现代语言不仅体现了当地的文化特色，也确保在功能需求多样化的场地中，使空间变得有序而不混乱，在为公园打造一个主题IP的同时，也为城市开放微型公园的设计提供了一种思路。

景观亮点二："水的织锦"——水乡意境系列雕塑

设计师采用雕塑来诉说水乡印象的手法，在500米的东西轴，布置了三个重要的雕塑，在强化空间序列同时，它们也承载了这里的文化以及艺术的诉求。设计从江南的水与织锦得到灵感，抽象出江南人居的意境，呼应整体的设计语言，赋予主题意义，采用了"江南水乡的门、桥、亭"作为心灵故乡最直接的表述。门的艺术形式来自于江南门斗的剪影，抽象的折线语言形成艺术之门，并具有一定的动感，契合公园的氛围。设计理念直击内心，同时又能和场地元素统一，形成巧妙的整体性艺术感染力。

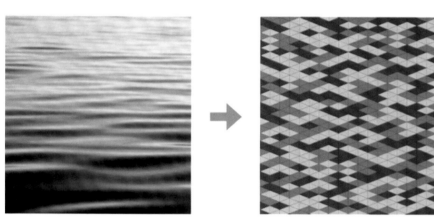

景观亮点三：童年娱乐22件事展现

在多样化的儿童娱乐设施设计时，我们围绕22件事的主题活动展开，将其巧妙地融合进了娱乐设施里，创造出了更符合童趣和益智功能的儿童游戏区。从树屋到攀爬网，从草坡到观星台，让儿童从小培养冒险寻踪探索的体验，为户外丰富的童年体验创造条件。

景观亮点四：细节的延续

"水的织锦"在设计上贯彻始终，从场地的铺装，到矩阵树列，再到建筑立面；由形体向表皮与肌理传递；从点到线，延伸至面；完成"织锦"语言由二维空间向三维空间无限延续。

江苏，苏州

Suzhou Zhenshan Park

苏州真山公园

土人设计／景观设计

完成时间：
2017年
项目面积：
43 公顷
摄影：
土人设计

项目简介

苏州真山公园地处高新区通安镇，距苏州市中心10千米，对外交通便利，设计规模为43公顷。设计尊重场地自然现状，在构建"海绵公园"和建设"生产性的低维护景观"两大策略的指引下，将一个垃圾填埋场摇身变为一个"看得见山，望得见水，记得住乡愁"的城市公园，为建设水弹性城市做出重要贡献。

真山公园整体以一条长约1千米的慢行系统贯穿南北两大片区，联系着各功能区；慢行系统由钢格栅栈道及红色玻璃钢座椅组成，提供集游客漫步、观光、休憩、科普教育等为一体的带状功能体验。

总平面图

入口广场区：作为公园各个路口标识提升公园整体品牌形象。

滨水休闲区：在荷塘、水杉岛引入商业、餐饮、休闲娱乐等功能，营造丰富的滨水休闲体验，吸引周围市民，激活整个公园。

田园湿地区：营造壮丽的稻田、向日葵等农业生产景观，利用戏水堰等打造亲水体验，同时可进行农业生产科普教育。

田园山林区：营造幽静的山居生活，以采摘果蔬、绿色餐饮和精品民宿等经营实现以园养园。

目标与挑战

如何保护及改善场地风貌并设计与场地结合的景观环境？场地地处高新开发区入口，如何彰显城市门户特色？场地周边设有大型农民动迁小区，如何设计满足农民需求的景观环境，延续场地记忆及土地本有功能，留住乡愁？与此同时，如何积极响应海绵城市政策，将其落实到最小单元的地块建设中，保证宏观区域的海绵效应？

场地内分布大小两座真山及大量荒地，因开山挖石产生的采石坑经雨水径流形成面积较大的水域，近些年逐步被生活垃圾填埋，导致场地污染严重，同时场地外围建有大量的安居房，居民对公共绿地的使用有非常迫切的需要。

设计的目标在于建设一个延续场地记忆，发挥土地功能，服务周边群众的弹性公园。

设计策略

一个生产性的低维护景观、功能性湿地、弹性的公园。

（1）收集净化周边集水的湿地

公园的核心是一条带状、具有水净化功能的人工湿地系统，它将吸纳来自场地及周边地块的雨水，通过沉淀以及长达1千米的湿地净化后，流入末端水质稳定区。净化后的雨水可用于公园绿化灌溉及道路冲洗等。

（2）生产性的低维护景观

保留现状的田肌理与风貌，让市民在精致的步道中体验田园风光，使其成为包含生产性、可参与性、观赏性、科普性、经济性等多功能于一体的大地景观，延续土地生产的记忆。

结论

通过以上景观设计策略，将原先残破的山体、持续恶化的垃圾场，改造成一个生产性的、低成本维护的水弹性城市公园，最大程度利用场地现有资源，满足市民的休闲游憩需求。真山公园的建成，不仅提高了城镇环境质量，改善城镇面貌，全面提升居住环境，同时积极响应海绵城市建设的政策，可为苏州地区的生态治理，环境提升提供示范。

Yiwu Waterfront Park

义乌滨江公园

土人设计 / 景观设计

建成时间：
2017年

项目面积：
28公顷

摄影：
土人设计

委托方：
义乌市政府

为解决包括洪涝威胁、水污染、废弃物和建筑垃圾等问题并尽可能降低预算及维护成本在内的一系列挑战，同时受到当地农业智慧的启发，义乌滨江公园设计理念为创造一个低成本维护、具有雨洪调节和净化水质功能、支持本土生物多样性、具有生产功能，同时能提供多样探索、游憩体验的城市公园。

目标与挑战

从城市宏观的角度来看，项目是义乌江河流绿色廊道系统中一块示范性项目。同时其区位正是未来的城市中心，因此场地面临着诸多的挑战。

第一项挑战是潜在的洪涝威胁。由于受到季风气候影响，义乌江在雨季经常会有洪涝灾害出现。而传统水文工程的解决方案往往是裁弯取直、硬化河道。事实上，设计现状已经有部分河道被裁弯取直并浇筑了水泥防洪挡墙。这种做法显然不是景观设计师所能接受的，那么除此之外另有什么他法呢？

第二项挑战是水污染问题。河流水质受到严重的富营养化污染，水质低于中国水质分类标准中最差的劣V类。而这样的水污染问题在中国普遍存在，尤其是在场地所在工业发展活跃的区域。

第三项挑战是场地内大量的废弃物和垃圾。场地内很大部分空间被用来堆放沿街摩天大楼建设产生的建筑垃圾和其他垃圾。

第四项挑战是对于低维护成本要求的应对。由于义乌江沿江遍布大规模的温室，如何可持续的发展并降低维护成本将会是政府很重要的一个考量。

平面图

在确定了以上的多项挑战后，公园的设计目标也逐渐清晰，即为城市创建良好的生态基础设施，以生态的策略良好应对洪涝灾害，修复污染河流水质，重建乡土生境并提供逐渐增多的城市居民丰富的游憩娱乐功能。

设计策略

为实现上述目标并应对好场地面临的诸多挑战，设计采取了以下几点策略。

与洪水为友。拆除水泥防洪挡墙，替代以生态友好的季节适应性自然堤岸。通过景观堤岸填挖技术，创造出两条曲折并行的湿地溪谷。水杉和乌桕等乡土树种成片的栽植以提供堤顶慢行道荫蔽而舒适的骑行空间。沿河观景台提供人们可以俯瞰滨江泛洪带的良好视景。

堤内溪谷空间提供静谧的环境。用以堆积自然堤岸的土方挖掘，创造出了一条内部溪谷空间。同时场地现有的建筑垃圾也用以构筑种植水杉林的树岛空间。木栈道曲折穿行于树林和湿地空间，漫步于上的人们将会于城市之中体验到沉浸野草、湿地、树林等丰富自然空间的独特体验。架设于树岛间的人行桥使得游客能够游走于各个雨棚间，享受着城市不断蔓延的天际线。间或搭设于树岛上的帐篷提供了聚焦点和休憩地。这种双层步道系统戏剧化的增加了场地的承载力，同时又丰富了人们的景观体验。

人工湿地净化污水。富营养化的河水通过三个风车泵从东部泵入公园，进行净化后用以多样用途。在水泵源头，河水被分流进入两个程序。首先，污水通过灵感来源于当地稻田智慧的人工湿地农田的净化，其中矩阵式的木板路沿田埂铺设，池杉分割的稻田中种植有不同种类的湿地净化植物。稻田系统净化后的水排入一个夏天供人游憩的水池后再进入根据地形排列的灌溉系统，在需要之时用以浇灌植物，最后水会排入溪谷来滋养湿地植被。另一个程序则是将水直接引入溪谷狭长的湿地，湿地中有一系列可以降低流速的生物堤岸用以吸收消纳水中富营养化的污染物质。

丰产的农田唤起美丽的乡愁。受到场地原有农业活动的启发，场地三分之一的面积设计成都市农场。多种多样的农作物种植其中，包括玉米、豆类、高粱、向日葵、甘蔗和果树林。同时，受到场地塘堰、梯田等景观要素的启发，设计中创造了许多分散于都市农场的水景要素和平台来提供休憩空间和独特的景观体验。

小型公园创造出渗透性的绿色边界。通过充分利用场地上的土堆而创造出的覆盖着浓密树林和竹林的小型分散绿色空间，不但立体化了场地的绿色边界也提供了城市街道以外静谧的绿洲。同时，小型绿地不时地分布使得边界空间更加的楔入和动感。各个小型空间又嵌入了各种各样的主题，例如甘蔗园、民族古器物园和入口空间等。这些主题空间不仅模糊了内部绿带的边界，也激活了

场地外围的空间。地面架起的长形可渗透建筑空间提供了场地各种服务功能。

总结

公园的建成给当地居民日常生活带来了福音。人们在清晨漫步于木栈道和步行桥；父母带着孩子们在夏日夜晚来到湿地净化后的水池嬉戏；即使在夏日的正午，也有伴侣们休憩于布满鸟的树岛上亭子投下的阴凉里；而老人们非常享受在广场和平台的阴影中，望着远处年轻人在溪谷野草中的栈道上探索大自然提供的乐趣。设计出的公园生态系统使得城市废弃的用地转变成为高品质低维护的生态基础设施，能提供给市民包括洪水调节、河流恢复、本土生境恢复和食物供给以及游憩服务、美学体验等在内的多种生态系统服务。这个项目也成为政府提供给其他城市参考的成功案例。

"五水共治"是浙江的伟大创造，而浙江的"五水共治"是从治理金华浦江县的母亲河浦阳江开始的。 案例通过水生态修复和景观营造拯救了一条曾经被抛弃的母亲河。设计运用了生态水净化、雨洪生态管理、与水为友的适应性设计以及最小干预的景观策略，结合硬化河堤的生态修复、改造利用农业水利设施，并融入安全便捷的慢行交通网络，将过去严重污染的河道彻底转变为最受市民喜爱的生态、生活廊道。设计实践了通过最低成本投入达到综合效益最大化的可能，并为河道生态修复以及河流重新回归城市生活的设计理念提供了宝贵的实际经验。

场地现状与挑战

浦阳江发源于浦江，是钱塘江的重要支流，全长150千米，经诸暨、萧山后汇入钱塘江。浦阳江是浦江县城的母亲河，河流穿城而过。本案例位于浦江县域范围内，长度约17千米，总面积196公顷，宽度为20~130米。设计范围上游段从通济湖水库坝脚至翠湖，下游段从浦江第四中学至义乌溪。

浦江是"中国水晶之都"，鼎盛时期全国80%以上的水晶制品均产自浦江，全县曾经有2.2万家水晶加工作坊，至少有20万人直接从事水晶生产。水晶产业一度给浦江人民带来了巨大的物质财富，但隐藏在繁华背后的却是一个极度"危险"的浦江：荡漾碧波被水晶污水吞噬，加之农业面源污染、畜禽养殖污染、生活污水处理水平落后，水质被严重污染。浦江全县出现了462条"牛奶河"、577条"垃圾河"和25条"黑臭河"，环境满意度调查连续6年全省倒数第一。浦阳江水质连续8年劣Ⅴ类，成为全省污染最严重的河流。曾经拥有秀美山水的浦江如今生态危机重重，人们赖以生存的自然环境变得满目疮痍。设计面临的最大挑战是如何通过综合有效的生态修复策略，恢复浦阳江的往日生机。

设计策略

1.湿地净化系统构建及水生态修复策略

在本次研究范围内共有17条支流汇聚到浦阳江，规划提出完善的湿地净化系统截留支流水系，将支流受污染的水体通过加强型人工湿地净化后再排入浦阳江。设计后湿地水域面积约为29.4公顷，以湿地为结构，发挥水体净化功效并提供市民游憩的湿地公园的总面积达166公顷，占生态廊道总面积的84%。其中具有较强水体净化功效的大型湿地斑块包括：上游段生态改造的翠湖湿地公园（石马溪）、运动公园湿地净化斑块（黄龙溪）、湖山桥湿地净化斑块（桃源溪）、冯村污水处理厂尾水湿地净化公园、彭村湿地净化斑块（五溪）、第二医院湿地净化斑块（和平溪）以及下游的三江口湿地净化斑块（义乌溪）。各斑块设置在对应支流与浦阳江的交汇处，将原来直接排水入江的方式改变为引水入湿地，增加了水体在湿地中的净化停留时间。同时拓宽的湿地大大加强了河道应对洪水的弹性，精心设计的景观设施将生态基底点石成金，使生态廊道成功融入人们的日常生活当中。

建成时间：

2016年

项目面积：

196公顷

摄影：

土人设计

委托方：

浦江县住建局

浙江，浦江

Puyang River Ecological Corridor

浦阳江生态廊道

土人设计 / 景观设计

通过水晶产业的整治和转型，结合有效的生态净化系统构建，浦阳江目前的水质得到提升。从连续的劣Ⅴ类水达到现在的地表Ⅲ类水，并且水质逐步趋于稳定。

2.与洪水相适应的海绵弹性系统策略

设计运用海绵城市理念，通过增加一系列不同级别的滞留湿地来缓解洪水的压力。据统计，实施完成的滞留湿地增加蓄水量约290万立方米，按照可淹没50厘米设计计算则可增加蓄洪量约150万立方米，一方面这大大降低了河道及周边场地的洪涝压力，另一方面这部分蓄存的水体资源也可以在旱季补充地下水，以及作为植被浇灌和景观环境用水。原本硬化的河道堤岸被生态化改造，经过改造的河堤长度超过3400米。硬化的堤面首先被破碎并种植深根性的乔木和地被，废弃的混凝土块就地做抛石护坡，实现材料的废物再利用。迎水面的平台和栈道均选用耐水冲刷和抗腐蚀性的材料，包括彩色透水混凝土和部分石材。滨水栈道选用架空式构造设计，尽量减少对河道行洪功能的阻碍，同时又能满足两栖类生物的栖息和自由迁移。

3.低投入、低维护的景观最小干预策略

浦阳江两岸枫杨林茂密，设计采用最小投入的低干预景观策略，最大限度地保留了这些乡土植被，结合廊道周边用地情况以及未来使用人流的分析，采用针灸式的景观介入手法，充分结合场地良好的自然风貌将人工景观巧妙地融入自然当中。设计长约25千米的自行车道大部分利用了原有堤顶道路，以减少对堤上植被造成破坏；所有步行栈道都由设计师在现场定位完成，力求保留滩地上的每一棵枫杨，并与之呼应形成一种灵动的景观游憩体验。

新设计的植被群落严格选取当地的乡土品种，乔木类包括枫杨、水杉、落羽杉、杨树、乌桕、湿地松、黄山栾树、无患子、榉树等。并选用部分当地果树，包括杨梅、柿子树、樱桃、枇杷、桃树、梨树和果桑等。地被主要选择生命力旺盛并有巩固河堤功效的草本植被，包括西叶芒、九节芒、芦苇、芦竹、狼尾草、蒲苇、麦冬、吉祥草、水葱、再力花、千屈菜、荷花；以及价格低廉、易维护的撒播野花组合。

4.水利遗迹保护与再利用策略

场地内现存大量水利灌溉设施，包括浦阳江上7处堰坝、8组灌溉泵房以及一组具有鲜明时代特征的引水灌溉渠和跨江渡槽。设计保留并改造了这些水利设施，通过巧妙的设计在保留传统功能的前提下转变为宜人的游憩设施。经过对渡槽的安全评估以及结构优化，设计将其与步行桥梁结合起来，并通过对凿山而建的引水渠的改造形成连续、别具一格的水利遗产体验廊道。该体验廊道建成后长度约1.3千米，是最小干预设计手法运用的成功体现。设计通过在原有渠道基础上架设轻巧的钢结构龙骨并铺设了宜人的防腐木铺装，通透的安全栏杆和外挑的观景平台与场地上高耸的水杉林相得益彰。被保留的堰坝和泵房经过简单修饰成为场地中景观视线的焦点，新设计的栈道与其遥相呼应形成该案例中特有的新乡土景观。通过运用保护与再利用的设计策略，本案例留住了乡愁记忆，也保留了场地上的时代烙印，让人们在休闲游憩的同时感受艺术与教育的价值意义。

项目面积:

20.5公顷

摄影:

易兰规划设计院、存在建筑、三

浦威特园区建设发展有限公司等

委托方:

三浦威特园区建设发展有限公司

河北,廊坊

Gu'an Central Park

固安中央公园

易兰规划设计院／景观设计

固安中央公园位于北京正南方河北固安新城的中心,占地约20.5公顷。易兰设计团队提出的设计概念是在城市的核心创造一个巨大的绿色空间,使其辐射到周边的社区,增强城市的承载力。设计充分考虑使用者的参与性与休憩功能,满足了市民的使用及游客游览的需求。通过绿化带连接,与总体城市规划形成完整的绿地生态体系。打造一个拥有健身设施、亲水空间、教育功能和可持续的、有助于提升城市街边形象、增加城市活力的现代化的公园。

固安中央公园有别于传统封闭式公园,采用了开放式的边界空间,打破了地块与街区的界限,边界配置与周边地块互动共享,形成功能的延伸及补充。它在不断增长的城市空间中为城市居民提供了亲近自然的休憩空间。公园拥有众多的娱乐设施,亲水空间和缓缓倾斜的绿色草坪,吸引当地居民和游客前往公园中心的开放区域。

公园西端的地下停车场限制了其上方的建筑和植物。为了同时解决两个问题,设计师在这里设置了无边际水景, 形成了一个大型反射水池,

使之成为公园的突出特征。游客可以在水池中游戏,因为无边的浅水池仅有3厘米的深度,便于游客安全地玩耍。同时水柱和水雾增添了喷泉广场的氛围,并在每个季节营造出不同的体验及感受。水池边缘石材采用斜面处理,孩子们可以在广场上自由的奔跑而不会被水池边缘绊倒。其工艺细节体现在池底支撑及水池排水处理。水池内所有设备都采用低压电,控制室在地下,有漏电保护以确保安全。设计将池水的收集和铺装一体化设计,在石材边缘处做一个长30厘米,宽≤2厘米的缝,水可以从缝中快速冒出、收回,保证水面均匀、快速达到镜面状态。当需要大型广场的活动场地时,只需关闭水闸,水景即刻随时转变成铺装广场,便于管理和维护。

公园地形与建筑相结合,建筑像是插入地形里或者建筑作为地形的延伸,使建筑很好地与自然融为一体,减少了建筑带给人的生硬感;屋面上铺设假草,即使俯瞰,建筑也"藏"在景观里。

易兰设计团队通过设计将人与自然联系起来,创造了一个郁郁葱葱、充满

1. 平静的倒影池
2. 冒险区
3. 圆形露天剧场
4. 樱花湖
5. 景观走廊
6. 户外活动草坪
7. 儿童活动操场
8. 湿地和雨水收集地
9. 多年生植物花坛
10. 社区活动广场

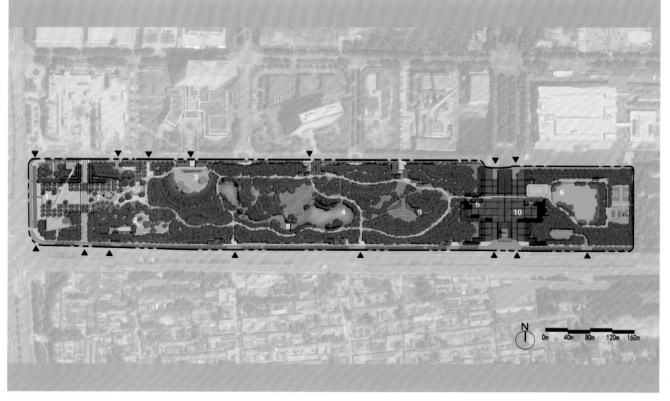

总平面图

生机与活力的绿色生态区，游客可以轻松享受公园的大片茂密植物、草坪、湖泊和其他自然景观。公园中用于生态修复的场地面积达150000平方米，其中开敞草坪10000平方米，自然湖泊面积3500平方米，为全园构建了可持续性的生态底板。优先利用自然排水系统与低影响开发设施，提高水生态系统的自然修复能力。下凹绿地遍布整个园区，公园整体排水设计为硬质铺装上的雨水排向绿地，园路两侧下凹绿地有效收集雨水，更有下凹的大草坪，使公园更生态、环保。园区设置了多个功能丰富的共享空间，以樱花湖为中心的科普植物园占地约3万平方米，通过自然的乔木、地被、水生植物共同打造以科普教育为核心的生境之旅。通过慢跑步道与景观步道结合的形式，形成园区活力环线，秉承智慧科技原则，全园设置多个智能Wi-Fi亭，满足游人上网需求，隐藏设计室外插座，即使在公园也能处理紧急事务，或者给手机充电。Wi-Fi亭安装电子显示屏，可以查看公园相关内容、近期活动等。以此形成智慧型活力空间，最终呈现出一个生态、活力的城市中央公园。

平面图
1. 木栈道
2. 观景台
3. 观鸟平台
4. 湿地研究站
5. 野生动物救助站
6. 巡逻道

建筑设计：
易兰规划设计院
园林设计：
易兰规划设计院
项目面积：
6873公顷

北京，延庆

Beijing Wild Duck Lake National Wetland Park

北京野鸭湖国家湿地公园

易兰规划设计院／景观规划设计

北京野鸭湖国家湿地公园位于北京市延庆区西部，占地面积6873公顷，是北京市面积最大的湿地自然保护区，也是国际鸟类迁徙路线东亚—澳大利亚路线的中转驿站，每年的迁徙季节，有众多的鸟类在此停歇。易兰设计团队以生态保护为根本的设计原则，从景观设计、建筑设计到环境修复工程全方位参与打造了这个集生态保护和科普教育为一体的生态湿地公园。该项目在2016年被评选为ELA生态景观最佳案例奖。

该项目主要由基础设施工程、栖息地及湿地植被恢复工程及野鸭湖湿地文化广场三部分组成。其中基础设施工程对湿地环境的保护与研究、野生动植物的观测与救助等生态保育工作提供了保障。栖息地及湿地植被恢复工程位于保护区内，恢复的湿地面积为185公顷。野鸭湖湿地文化广场占地面积63,000平方米，主要用于湿地展示及科普宣教。

设计团队对原场地的生态敏感度进行分析，从而划分出不同级别的保护区，利用生态修复的手段，以灌木、草本和水生湿生植物种植为主，充分保护提升了自然湿地、动物栖息地的生态环境。栖息地及湿地植被恢复工程位于保护区内，恢复的湿地面积为185公顷。其中人工辅助恢复板块和自然抚育恢复板块以灌木和草本为主，设计以保护湿地生态系统结构完整性、生态功能和生态过程的连续性为前提，对现存湿地实施全面保护。以维护湿地生物多样性安全，优先考虑珍稀水禽、湿地自然景观保护为重点，兼顾一般水鸟、候鸟的保护，扩大珍稀种群数量，增强保护区的生态平衡能力和系统运行的稳定性，维护保护区生态多样性。并通过各项生态修复措施引来众多鸟类，以

科技为先导，充分吸收国际湿地保护、恢复的先进技术和经验，加强国内生态新技术在湿地保护中的应用。野鸭湖湿地独特的地形、地貌、气候、水文特点，形成了多种生态系统。据统计，通过栖息地恢复策略，野鸭湖从被侵袭破坏的栖息地变为300种鸟类和478种植物的栖息地。设计团队在建设过程中因地制宜，根据不同基础条件构建不同的生境，以满足适应不同生境的物种。同时考虑不同生境的过渡与连续，认识湿地保护区域与周边环境的联系。野鸭湖湿地集自然保护、休闲游憩、科普学习于一体，为广大市民提供了一个回归自然、欣赏自然、认识自然的好去处。

项目面积:

272,200 平方米

设计团队:

总设计师张文英

设计总监肖星军

项目总监郭志良

主要设计人员莫继宗、田

洋洋、黄婷苑

广东,梅州

Qinjiang Riverside Wetland Park

琴江·老河道湿地文化公园

棕榈设计有限公司／景观设计

有那么一条河，承载着一座城、一代人的记忆。

项目所在本是琴江主河道的一部分。20世纪60年代，由于城市防洪及城市建设的需要，新开挖的直线型河道连接了原河道的拐点，弯道大部分被填埋，形成内河道，保留的一小段宽阔河道被建设为五华县人民公园。因前期建设投入小且疏于管理，公园逐渐被城市居民遗忘。调研阶段，设计师从场地周围明清时期的围龙屋布局中，依稀可辨当年河流蜿蜒、阡陌纵横的田园河溪肌理。

人民公园位于五华县华兴南路，是五华县鲜有的大面积集中的综合性开放绿地，是城市中心的一块绿肺。但受城市不断发展扩张的影响，原有的水源流径正被周围区域过多的生活污水污染，补水量不足，生境退化，生物多样性锐减，需要进行生态保护及恢复，并适当的丰富其生态服务功能。

项目将滨河景观设计和河道整治结合起来，促进了城市内部景观更新，传承了地域文化，改善了城市生态环境，提升了土地价值，增强了城市土地活力。琴江·老河道湿地公园现状中因为城市不断发展的影响，城市生活污水和雨水集中排入让老河道生态多样性下降，失去以往的净化能力。所以，项目第一步就是重建健康的生态环境系统，包括改善琴江流入的水质和雨水水质，种植乡土水生植物恢复生态栖息地，建造通往河滨的开放性空间，最终促进区域的可持续发展。

恢复生态栖息地拆除坚硬的混凝土驳岸，采用生态驳岸，为各种挺水、浮水和沉水植物提供生境，提高生物多样性。把现有水道，直道改弯，通过沉淀、曝气、植物过滤，延长水在净化区域的停留时间，促进水体营养物质被生物所吸收。

步道网建造人行道沿着河道铺展，建设长乐桥、亲水栈道平台连接河两岸，在场地内形成系统的步道网络。结合场地鱼塘肌理，直道改弯，梳理现状、整合，创建一处以生态水处理、湿地游览和科普教育为主的区域，构建生态净化湿地系统，通过沉淀、曝气、植物过滤，调蓄和净化琴江流入的水。

为彰显城市重要的石匠文化、民间艺术和客家文化等独特的地域文化，在建设面向城市的公共活动区同时，融入历史文化景观，用文化石柱、地雕、石刻来阐述地域文化和老河道的历史印记。

设计将城市休闲和河道生态环境整治相结合，建立连续的慢行滨河步道空间，改造生态驳岸形式，创造更多的亲水空间。水草繁茂，野花烂漫，漫步其间，人们仿佛又回到了从前阡陌纵横的田园河溪场景。

项目将河道生态恢复和城市景观设计结合，创造了天然的散步和聚会场所，使场地成为集城市湿地、文化记忆和城市休闲于一体的生态公园。不仅改善了琴江水域的水质，发挥了调蓄雨水的功能，也吸引了大多数人，成为当地群众喜爱的休闲环境。河滨开放性空间的建造，提升了市民的生活质量，增强了城市活力，最终促进区域经济可持续发展。

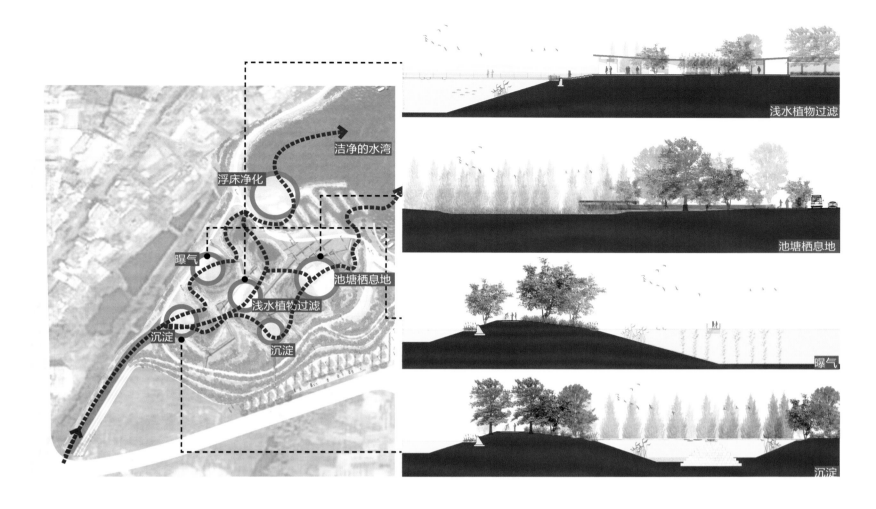

洁净的水湾

浮床净化

曝气

池塘栖息地

浅水植物过滤

沉淀

沉淀

浅水植物过滤

池塘栖息地

曝气

沉淀

建成时间：

2018年

总设计师：

张文英

项目负责：

肖星军

技术负责：

黄文烨

主要参与人员：

苏春燕、郑益毅、何铭谦、梁恺
峰、冯劲谊、梁丽玲、陈乐乐

项目面积：

55,000平方米

获奖：

广东省第二届岭南特色规划与建
筑设计银奖、 美居奖全国最美旅
游度假区第一名等。

广州，黄埔区

The Protection and Reconstruction Planning Design for Liantang Village, Guangzhou

广东广州莲塘古村保护与改造设计

棕榈设计有限公司 / 景观设计

在莲塘村的西门楼里，安坐着一群60至90岁的老伯，他们吸着纸烟静坐，目光追随偶有的门外行者。他们劳作于斯，守望于斯，见证了莲塘村绵延至今的点滴时刻。你可以和他们聊天，追寻当地的历史，也可以观看地方传统特色手工艺，又或者亲自动手，体验采莲乐趣。

缘起

萝岗区莲塘村建村距今已有700多年历史，是华南地区第一大姓陈氏族人从珠玑巷南迁的居住村落，村内历史建筑众多，现仍保留有村头的镇南楼、村尾的镇北楼（两座楼为防盗之用，均被毁，仅留地基）；村东有陈彦约墓，

陈彦约是宋朝陈姓入粤始祖之一；村中建有时四陈公祠、鸿佑家塾、罗祖家塾、小堂家塾、季昌书室和多间古商铺等清代建筑；古巷五条，分别为：荣华里、人和里、中和里、平安里、长安里，极具岭南风格等历史性建筑及古榕树和近20000平方米的古村落。

其中"时四陈公祠"建于清代光绪年间，其历史与著名的广州陈家祠相当。"在文化的苍茫浩渺前，人不过是棋子；这庭院的地这庭院的天，就是历史和时间对弈的棋盘。"站在祠堂的庭院里，感受几百年的风雨沧桑。村民们还会在祠堂广场搭建戏台，组织民俗展演、巡游和节庆等活动。

莲塘村绕玄武山而建,负阴抱阳,采用梳式布局。祠堂背靠玄武山,前设水塘。玄武山与案山相连成通廊轴线,前有左辅右弼相依。莲塘人几百年来从不随意砍伐他们的"靠山"——玄武山的一草一木;不盖房侵占祠堂门口的空地;不填环绕村庄的莲花塘;不再以祠堂为轴线的方向上盖房子遮挡祠堂……这既是对土地发自内心的尊重,也是对环境中山水草木的敬畏。

传统风貌和当代生活的多元化产物

鉴于现状村落环境渐呈颓势,本项目坚持"保护性开发,地域性创新"的理念,即在改造中,优先注重保护莲塘村具有历史特色的村落环境和风景良好的自然空间格局。修旧如旧的老宅是对历史的致敬,原汁原味的乡村生活是对传统的保留。同时,在挖掘和继承地域乡土文化中,以现代的设计语汇和审美要求,去解读乡土,创造符合传统又有局部创新的莲塘村新景观。

在具体的设计手法上,遵从以下原则,即乡土风情、传统元素、现代手法、手工痕迹。在设计内容上,弘扬传统民俗文化,搭建戏台和祠堂广场,以便组织民俗展演、巡游和节庆等活动,通过深入挖掘文化内涵如长老会等,突出古村的文化特性,展示具有地方传统特色手工艺、荷塘采摘、节庆风俗、书院祠堂等的原真性文化,为古村的旅游增添人文气息。在工程设计上,本项目在旧材料回收利用,以及石拱桥垒砌构造,还有荷塘水质净化措施等方面,进行了研究创新,使乡村生活在优质的自然环境中大放异彩。

传统岭南水乡特色的保留

最大程度保留莲塘村的建筑原貌，作适当修复；增建古戏台、洗衣台、青砖毛石矮墙，重现古村的生活场景；以现代石材干挂技术，重建具岭南特色的古石桥；发掘利用原有的砖瓦草木、旗杆夹石、功名碑、石钵石凳，使其焕发新的生命力；植被丰富，遍植果树、岭南草木花卉，满池莲花香气袭人；同时保留见证莲塘村建村历史的古榕树，更深远的意义则是我们对于创造古村故事的考虑。

莲塘古村具有良好的自然风水格局，设计通过深入挖掘自然资源及场所精神，保护珍贵的村落山水格局，为村民提供文化发生的舞台，从而促进乡村自然文化遗产的保护与开发；为游客提供乡村生活体验与自然风景体验游线，能有效地传达传统文化与自然资源的保护意义，共建发展与保护同时也必须协调进行的社会集体意识。

一砖一瓦，人间烟火；一花一草，莲塘美景。漫步古村，蝴蝶隐现花丛，龙眼果满枝头，或有阳光温和，淡淡粉饰着古老的麻石小巷；或遇微雨召唤，点点滴滴弦动乡间静美。这就是故事发生的地方。

江门，广东

Poly Sports Park, Jiangmen

江门保利体育公园

奥雅设计 / 景观设计

完成时间：

2017年

摄影：

王晓

项目面积：

39公顷

　　项目位于滨江新城启动区，地处江门市区北部，是一个大型综合性体育中心。总用地面积约39公顷，其中绿化覆盖率占31.25%，主要包括体育馆、运动场、赛事场、会展中心、运动员接待服务中心、中心湖公园及商业运营设施。规划融入文化兼顾功能，定位为集竞技赛事、全民健身、文化娱乐、休闲旅游、经贸商展及大型文艺演出为一体的综合性生态体育中心。

　　"文化、生态"是整个设计中最大的亮点，设计充分考虑了体育中心与周边环境的融合，以中心湖公园连接整个体育中心，周边河道环抱。

　　"一心两馆"的特色布局，将体育场、会展中心、中心湖公园三部分进行一

体化的设计，在提高土地使用效率的同时，将景观与建筑和谐地融为一个整体。

　　区别于传统场馆，场地东西南北四面均有通透的入口空间，通过舒展的景观流线引导进入，达到人与自然的和谐相融。

运动·健康活力

　　以流动、连通、活力为运动着力点，通过公共空间构建一个非滞留、非孤立、非固化的开放运动体系。提炼"流"与"动"的场地精神，引入体育公园概念，强调人的体育文化、体育休闲意识和大型体育设施的公园化。

利用体育馆及室外空间，建有篮球场、足球场、网球等活动场地，供群众日常健身娱乐使用；另设水上乐园为儿童开展水上活动提供便利。

文化·特色底蕴

项目融入侨乡文化，充分体现城市的包容与连接。中心湖景区作为重要文化展示区域，结合驳岸设计，以自然的设计手法表达"落叶生根、花好月圆"的景观设计愿想，展现"中国侨都的文化传承、花好月圆"的空间意境。

景观在这里不是一个独立的活动空间，而是开放的，是组织空间形态与功能空间结构的触媒。湖区形态与满月融汇，象征自然、美好、包容的寓意。

休闲·时尚便捷

会展中心场馆的周边集商业、休闲功能于一体,设置会展广场、阳光草坡、休闲栈道等开放空间,提供完善舒适的休闲体验系统。南北区均设有商业,流线型铺装,丰富商业街层次,打造舒适的滨水商业,营造时尚丰富的商业氛围。打造集餐饮、购物、娱乐等商贸为一体的综合商贸服务系统。

植物·绿色生态

园区内植物设计遵循生态、健康、现代的原则,形成一心三带多岛的绿植结构。

一心:中心水景种植区。采用结合水景多组团的种植形式,注重特色树与乡土树种的运用,如水杉、紫荆、桂圆、丹桂等,丰富水岸景观。利用地带植物的多样性和异质性的设计带来动植物景观的多样性,形成生物链条的多样化,达到自然的可持续发展,构建体育中心平衡的景观生态体系。

三带:广场绿带、西侧隔离绿带、东侧动感绿带。重点入口广场区域采用列植的种植形式,边缘地带采用点状与带状相结合的形式,丰富步道景观,形成一定的节奏与韵律的变化。

多岛：体育馆周边多设岛状绿地，结合建筑营造富有热带风情的小空间。

江门体育中心景观不仅是多功能体育活动的公共空间，同时也是各种自然界生长过程的"载体"，支持生命的存在和延续。体育中心的未来将秉承其自然、开放、兼容、多元的特性，成为一个共享的空间，一个公共的花园。

上海，浦东新区

Shanghai Lingang Dishui Lake West Island Public Leisure Temporary Green Plot

上海临港滴水湖西岛公共休闲临时绿地

上海魏玛景观规划设计有限公司／景观设计

主持景观设计师：
贺旭华
摄影：
魏玛景观摄影
业主：
上海港城开发（集团）有限公司

本项目位于上海市浦东新区临港新城滴水湖西侧的水上绿岛，滴水湖是目前填海造陆开挖的国内最大的人工湖，项目四面环水，通过两座桥梁与陆地连接，定位为公共休闲绿地，拟将在5~10年内打造成"上海市民休闲娱乐的新去处和新平台"。景观设计风貌以自然、生态、休闲为主，设计中体现西岛"自然""怡人"和"野趣"，是完全开放的充满郊野气息、质朴大气的绿化空间。

设计以多功能大草坪为中心，可举办大型活动，周边沿主园路集中布置功能活动点，外围场地以野趣基调为主，通过保护修整的形式提升整合郊野风貌景观。自内而外向水边过渡，形成从规整到自然、从活动到休闲、从动态到静态的环状空间结构。方案中软硬比例适度，动静活动区域分布合理，郊野与城市风貌相结合。形成宜人的、多样化的休闲景观绿地。

"海绵城市"使城市能够像海绵一样，在适应环境变化和应对自然灾害等方面具有良好的"弹性"，下雨时吸水、蓄水、渗水、净水，需要时将蓄存的水"释放"并加以利用。本项目在场地设计中，结合海绵城市设计标准，保证透水性。广场节点铺装材质为露骨料透水混凝土，每6米由150毫米宽的植草带分隔，确保雨水能快速渗透；5.5米宽机动车道路面铺装材质为散置砾石，下面基础为透水混凝土；其他园路的铺装材质为露骨料透水混凝土和防腐木。植栽方面，由于项目场地土壤盐碱度较高，对植物的要求也较高。植物设计在充分考虑"功能性、适应性、经济性"的情况下，以"适地适树"为原则，选用耐盐碱的植物，如水杉、中山杉等植物种植，局部的地方种植香樟、夹竹桃等植物种植，并在尊重现有种植状况的基础上进行改造。

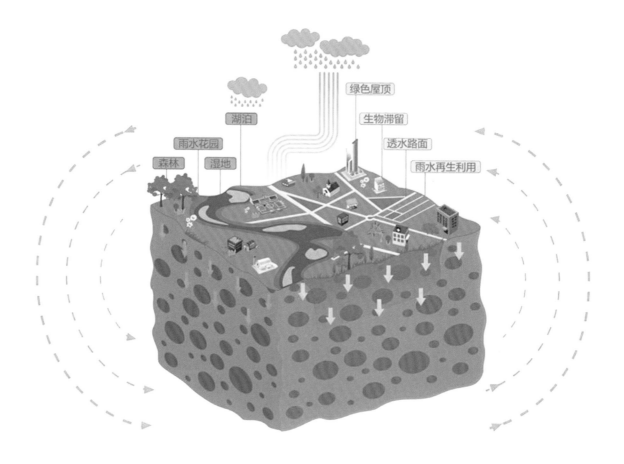

绿色屋顶
湖泊
生物滞留
雨水花园
透水路面
森林
湿地
雨水再生利用

排盐碱系统图

盐分凝聚过程

阳光直射导致地表水蒸发，由于虹吸作用和毛细作用，底层盐碱土和地下水中盐分，会随着地下水分的上迁被带至素填土中导致土壤盐碱化。

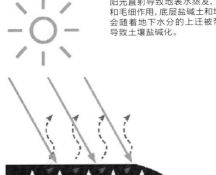
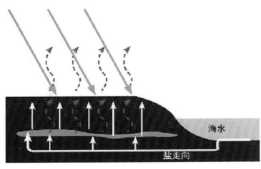

上海平均日照强度统计

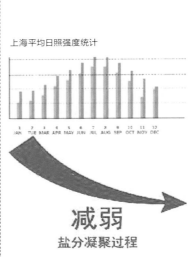

减弱
盐分凝聚过程

地形结合隔离层加强植被覆盖

通过地表植被和隔离层减弱土壤盐碱化过程

植被覆盖

上层覆土

预埋些芦苇杆等废气廉价农作物，阻挡虹吸作用

解决方案

盐分稀释过程

降雨等等同于用淡水稀释地表盐碱度，雨水能稀释地表盐碱，将其带回地下水或者底层碱土。

加强
盐分稀释过程

加强排水 引导排盐

以地形为主，结合旱溪、明沟、涵管，加强整体渗透引导地表径流。

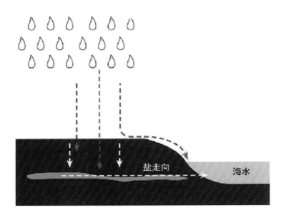

上海平均降雨量统计

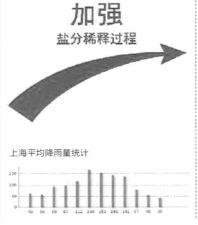

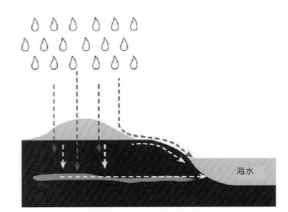

项目面积：

48公顷

委托方：

芜湖商务文化中心建设指挥部

安徽，芜湖

Wuhu Lake Central Culture Park

芜湖中央文化公园

奥雅设计／景观设计

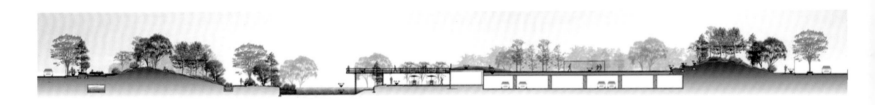

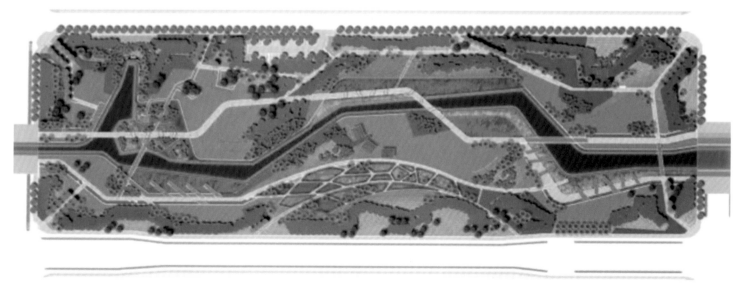

总平面图

芜湖中央公园占地48公顷，位于芜湖新区中心区。作为城市中心的公共开放绿地，它形成了一条绿色廊道，连接了城市的景观地标——神山与扁担河。设计利用河、道、丘、林4种要素，在城市中心营造具有生态保育功能的绿地系统。

"河"指的是人工景观水系，其水位设计标高兼顾城市水系规划，低于市政道路约2米。

"道"指园区内的步行、慢行道路系统及其所联系的系列公共活动空间。

"丘"指人工地形体系，可消化开挖河道产生的土方，并自然形成地面径流的汇水区域。

"林"则指由疏林缀花草地、生态草沟、湿地种植区组成的种植系统，起到减缓地面径流速度，回渗、调蓄、净化、回流地表径流的作用。

公园在建设中面临场地特殊条件的挑战。基地基础为淤泥土质，且水文地质条件复杂，地下水位、地表径流皆受季节影响，时枯时涝。在这样的水文、地质和土壤条件下挖渠护岸无法形成，常规混凝土驳岸也难以实施，或代价很高。

通过合理应用竖向工程措施，该项目化不利条件为特色优势，塑造了既具有城市防涝功能，又具有景观特色的雨洪管理系统，使芜湖中央文化公园成为城市中心的绿色基础设施。

首先，设计利用场地雨量充沛、水资源丰富的特点，塑造地形，对雨水加以汇聚和利用；同时，设置生态草沟、湿地种植区、景观水系，作为调蓄兼顾的雨洪管理体系，用以代替传统管道排水系统，枯时保墒蓄水，涝时缓冲雨洪。地面径流在微地形的引导下流经草沟、经过湿地种植区的过滤净化之后，汇入人工河道水系，形成完整的自然水系循环机制。

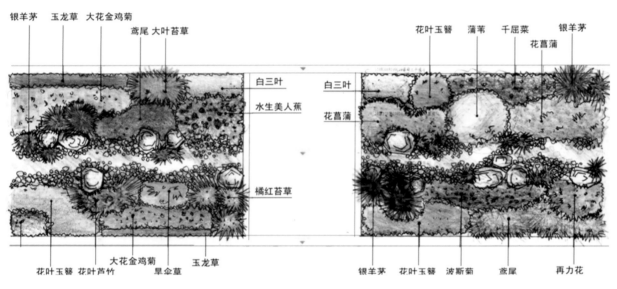

银羊茅　玉龙草　大花金鸡菊
　　　　　　鸢尾　大叶苔草
　　　　　　　　　　　　花叶玉簪　蒲苇　千屈菜　银羊茅
　　　　　　　　　　　　　　　　　花菖蒲

白三叶
水生美人蕉
橘红苔草

白三叶
花菖蒲

花叶玉簪　花叶芦竹　　　旱企草　玉龙草
　　　　大花金鸡菊
银羊茅　花叶玉簪　波斯菊　鸢尾　再力花

植物图

其次，针对淤泥土质不易修渠堆坡的工程难题，设计师采用生态石笼驳岸，不仅起到稳固水土的作用，还实现了快速建造的目标。

再次，为应对季节性洪涝，该项目建造了若干泵站，将设计水系的常水位控制在4.8米。当水位低于4.8米时，启动补水泵，由东边扁担河补水；当遭遇暴雨洪峰，水位高于4.8米时，启动排涝泵站，向中、西、北三面排涝。

运用水量平衡关系估算的方法对项目的景观设计方案进行评估，可以发现，该项目可容纳的水量总计27000立方米；综合降雨径流量、蒸发损失量、地下水补给量和渗透损失量等各方面的影响，场地内水境的水量需求依靠自然降水补给可得到充分的满足。

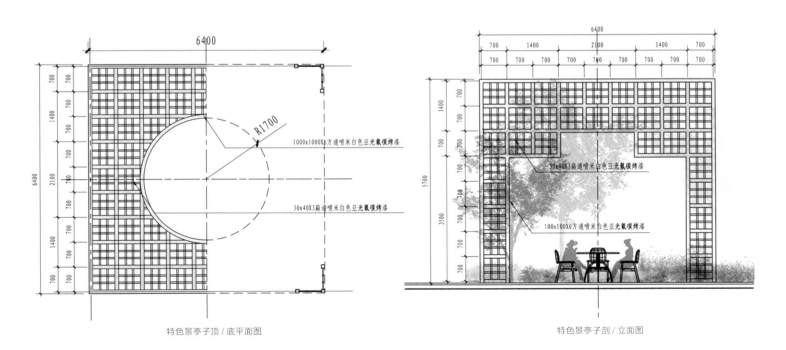

特色景亭子顶 / 底平面图

特色景亭子剖 / 立面图

雨水分析图表

月份	降雨量（mm）	降雨径流量（m³）	蒸发量（mm）	蒸发损失量（m³）	净补给量（m³）	水景可容纳水量（m³）
1	53.6	8924.4	36.8	1656	7268.4	
2	61.2	10189.8	47.4	2133	8056.8	
3	109.3	18198.45	71.9	3235.5	14962.95	
4	105.6	17582.4	108.8	4896	12686.4	
5	122	20313	145.8	6561	13752	
6	216.9	36113.85	147.1	6619.5	29494.35	27000
7	164.4	27322.65	188	8460	18862.65	
8	118.2	19680.3	174.2	7839	11841.3	
9	77.8	12953.7	124.9	5620.5	7333.2	
10	64	10656	96.7	4351.5	6304.5	
11	54.2	9024.3	61.4	2763	6261.3	
12	37.8	6293.7	44.1	1984.5	4309.2	

汇水区面积（ha）	水体面积（ha）	硬质铺装面积（ha）	绿地面积（ha）	平均径流系数
45	4.5	5	35.5	0.3

自然降水的补给可保障水境平均每2~3个月换水一次。因此，"水充沛"与"水清澈"的目标都可以实现。水量平衡估算的结果显示，6月份的降雨净补给量要大于场地内水体景观的可容纳水量，因此需向场地外排水，保障"水安全"，避免季节洪涝。

根据该项目业主反馈的使用记录情况，自项目建成以来至今的5年多的时间内，景观河道日常完全无须补水，启动排涝水泵向外排水次数不超过3次。实际使用的经验与水量平衡关系估算的结果得到了互相印证。

海绵城市建设一方面可以缓解城市内涝，另一方面改善了区域生态环境。芜湖中央文化公园在设计中结合生态草沟和人工湿地，出色地完成了对区域雨洪的管理，并在建成后的几年内达到了良好的后期效果。为芜湖带来一片城市中心的绿肺。

浙江，宁波

Yong River Platform Park

宁波甬江沿岸滨水公园

AECOM集团／景观设计

完成时间：

2016年

项目面积：

83公顷

摄影：

AECOM集团

浙江宁波甬江沿线的大型整治项目将原本无人问津的土地变成现代化的滨水公园，同时融合雨水管理和社区项目等功能。亲水公园位于市中心以东5千米处，将成为宁波国家高新技术产业开发区的重要组成部分。项目的长期目标是为附近的新建社区、技术企业、高等院校和文化设施提供重要的开放空间，其中包括甬江南岸保留下来的一座古代寺庙。

平台公园

"平台公园"的概念旨在丰富堤坝内容、提升景观以及方便人们走近滨江地区。这一点在阶梯形地貌、建筑以及标志性的平台通道上得以充分体现。该平台通道穿过堤坝，与平台相接，和广场连为一体，并且在西端凸起以俯视甬江风光。该公园改变了人们亲近滨河地区的方式，为娱乐和社交活动提供了安全渠道。

高韧性

宁波位于中国东部海岸，每年都遭受台风和洪水的威胁。当地意识到海平面在上升以及遭受极端天气事件的可能性越来越高，而经过恢复的湿地能够成为一道"柔性边界"（soft edge），成为抵挡台风暴雨袭击的强韧的第一道防线。堤坝外的新建建筑能够抵御洪水时期的水面上涨。同时，该湿地为鸟类和水生生物提供了重要的栖息地，而本地的野花和草地为河岸动植物提供了多样化的栖息地。

由于堤坝内的公园区域无法完全欣赏滨江风景，通过应用战略性的土方平衡管理雨水，并再次利用回填土形成阶梯形地貌，提升地势以观赏江边景色。地面径流或通过生态沼泽，或穿过道路下方卵石之间以及稀疏的碎石，最终汇入公园东侧的生态滞留池。该滞留池为两栖动物、植物和野禽提供了更多栖息地，也为居民科普生态教育创造了机会。

项目选择的当地植物包括大量的多年生植物和草类，确保一年四季都有景色，以适应干湿的气候条件。秋冬季节，即使草地花卉凋零，但地被植物、灌木和草地也能够确保景色美观。

人行步道

游客从小区正门对面进入公园，映入眼帘的首先是一个广场以及丰富多彩的中央草地，提供了市民急需的休闲空间。广场由当地浅色石材铺设而成，旨在减少热岛效应。该广场包括：自行车停车和租车区、水面景观、休闲座椅以及能够俯视沼泽地和中央

草地的天然石阶。由入口广场分出两条主路，能够直接到达滨江地区以及平台通道。由西侧的主路而行，游客会经过一片位于沼泽地的樱花林。穿过绿树成荫的广场和阶梯性地貌，游客将最终到达一个重要节点。平台甲板令笔直的堤坝滨江大道富有变化，并且与儿童活动区、小商铺、卫生间和平台廊架相连。廊架拥有高大的钢柱和高挑篷，共分为两层，用于遮阴和避雨。此外，这里还有安静的座椅休息区，可以欣赏甬江西侧的日落风光。

以廊架为起点，3米宽的坡道即是观景平台与平台通道的终点。坡道由钢筋混凝土制成，铺设有复合木材地板。此外，LED照明位于栏杆扶手下方，以实现晚间光照亮度最大化，减少灯光污染。

标志性的平台通道以观景平台东侧为起点，长200米，坡度缓和，可以远眺经恢复的湿地、本地野花和草地。在中国，父母通常在外工作，由祖父辈的老人白天照看孩子。因此，一项重要的考虑因素是建设综合性的通道，适合轮椅、婴儿车、儿童三轮车、踏板车，从而方便多代家庭出行。

公园东侧的老码头被重新利用，经改造成为一座观景台，可以观赏滩涂之上的野生生物和河上活动。码头设有轻质遮阳结构以及阶梯式平台座椅，满足不同年龄人群的高度需求。此外，还设有经过改造的系船钢柱，用作河边的休闲座椅，并展现过去的工业文化。

回到滨河大道，游客可以在公园最低洼的地方看到雨水滞留池，同时进入东侧的主路。主入口的风光由另外一种阶梯地貌和樱花林构成。该平台作为缓冲区域，是通向附近的盎孟港路的地标建筑。

社交与文化平台

主交通环线形成周长600米的区域，是当地居民日常锻炼的场所。中央草地是用途广泛的家庭活动场地，而广场为太极、交谊舞和健身舞的活动平台。傍晚来临时，公园人气最旺。大量居民来到这里，跳舞、慢跑、玩耍、散步、休息或者在河边欣赏日落。

效果

甬江沿岸滨水公园的建设已经吸引到进一步的投资，用于恢复和扩建邻近的历史建筑法王禅寺，作为宗教活动场地和开发旅游。未来的几期项目将打造水上交通艇站点，往返于城市、滨江地区和文化设施之间。

景观建筑奠定了公园的整体方向、城市设计和可持续性目标，致力于打造景观、社区和高适应性，从而满足不断变化的城市化和气候变化需求，推动可持续和高韧性社区的建设发展。

设计遇到的挑战

项目地块位于一座防洪堤坝后面。由于与堤坝存在高差，以及部分地区大面积的沙坝地带（芦苇湿地）遮挡住了河景，所以地块既不与河道相通，也无法欣赏滨江景色。这些芦苇湿地是重要的生态走廊，将汇入甬江并最终流入东海的余姚河和奉化江连接在一起。考虑到项目地块丰富的资源，景观建设师受命制定一座83公顷公园的总体规划框架。一支多学科团队参与到总体规划的制定，建立起一系列的开放空间"平台"。这些平台能够推动社会交流、提供教育和文化探索机遇，并且强化新区和滨水地区的生态系统。

项目一期建设了一座2.5公顷的社区公园。之前存在的设施包括一些非法建筑、无人问津的绿地和废弃的混凝土码头。地块附近有一个人口密度较高的高层回迁社区，由于地面硬化而缺乏足够的开放空间。这种以住房为主的景观导致难以进行户外活动，难以亲近自然，并且有可能导致静止化的生活方式，产生不利的健康影响。

山东,临沂

Qihang Sports Park, Shandong

山东临沂河东区启航运动公园

完成时间:
2018年
摄影:
梁尚宇

清创尚景(北京)景观规划设计有限公司／景观设计

社交与文化平台

"云对雨,雪对风,晚照对晴空。来鸿对去燕,宿鸟对鸣虫。"

傍晚,启航运动公园建成全面开放的若干天,在戏沙池的长凳上,传来了两位孩童跟着母亲的朗诵声。

这不是清朝车万育的《声律启蒙》么?
诶,这是运动公园啊,怎么朗诵起诗书了呢?
我们一行人好奇地凑了过去,侧耳倾听。

一起朗诵的孩子们增加了一个,又增加了一个。围过来跃跃欲试的也多了两个。

"沿对革,异对同,白叟对黄童, 江风对海雾,牧子对渔翁。"

娇嫩的童声,不甚齐整的语速,却如傍晚沂水倒影的夕阳与晚霞一样迷人,迷住了行人,慢下了脚步,来聆听这沂水边上的童谣。

这是临沂孩子们的朗诵声,稚子声声的背后,也是临沂的精神复兴,复兴的是古琅琊的文脉。

而一处好的人居环境,是精神复兴的载体。任何精神文化行为都能够在这样的载体中复兴。

怎样才称作是好的人居环境呢?
能够站在整个城市的高度来定位自身的环境是第一个"好"的要素。

最初,儒辰集团高层对清创尚景设计团队说,临沂的城市规划做得好,有着长远的战略眼光,城市预留的绿色空间非常充足。集团派出专人和设计团队组成联合调研团队,在走遍临沂的滨河、滨水、城市绿廊、城市广场等绿色空间后,调研团队更加感受到在河东片区,绿色空间在承接城市规划绿色生态理念和渗入市民日常生活的重大意义。

可以这么说,在临沂,尤其是主城区,任何一个地块的建设,都担负着将战略的城市规划和生态理念,转化和实现在看得见摸得着的、由市民去亲自体验和感受的综合效益与实惠上。

那么怎么建造好这个公园呢?
能够切合当下人们物质生活需求,又能开启人们精神需求的环境,是第二个"好"的要素。

如上所述，在对全市的绿色公共空间踏勘调研中，联合团队体会到，城市休闲、城市运动和城市活动已经在临沂发展得很成熟，也就是说，这是一种植根很深的观念。按照近年来城市景观规划新兴的"三生"理念（生产、生活、生态），可以摸索到公园的大致定位——这是一个要体贴和细腻地满足市民居家生活、就地休闲、激发活动热情的场所。

在沂河两岸的堤内，经过十余年的培育，已经分布了各种主题休闲公园场所，而堤外，一些黄金地段周边的运动休闲带状绿地空间也已经成形，所以我们才说，运动休闲在临沂人民的观念中植根很深。那么植根很深又意味着什么？意味着新的需求会很快诞生，人们不会满足某种现状太久。所以，切合了当下的需求，又要开启新的需求，才有一种持续的"好"的存在。

那么公园要怎样开启新的需求？

毫无疑问，能够展现独特文化品质的环境，将人们的日常生活纳入其中，并产生某种生生不息的景象，是第三个"好"的要素，也是更为持久的要素。

当下中国各个地区市县所进行的景观大建设已悄然进入一个新的升级阶段，那就是开始出现文化觉醒，注重展示自己的城市文化。临沂也不例外，上文所述的"三生"观念就是某种文化觉醒的形态。

只是在运动公园建成开放后，除了看到各个年龄段的市民在其中找到自己欢乐的港湾之外，还能在偶遇中听到诗书朗诵声，说来也许有某些深层原因。

设计团队在早期的设计研究工作中，是以儿童画作为文化切入点，以"交往空间"理论为基础来推演场所行为心理的。我们都知道"童言无忌"这个成语，儿童的画作，最能体现当下都市生活中，孩童眼里的愿望、渴求和不满足。因为孩子们眼里的世界，不仅仅是自己，还有爸爸、妈妈、爷爷奶奶、姥爷姥姥、老师和小伙伴，而都市忙碌的生活里，这当中的某些角色是缺失的。早些年的一些亲子综艺节目带给社会大讨论的话题还在延续，就是最好的例子。

儒辰和清创这个联合团队的用心之处，就是从这些看似细碎但是暖心的角度切入问题。设计团队到河东附近的幼儿园、小学和教辅机构参观了一些儿童画，提炼了一些诸如"陪伴""在一起露营""森林""流淌的小河""红色的魔法带""巨人国""玩沙""爸爸陪我在草地打滚"等基础元素，作为"交往空间"理论的分析基础。儿童画的主题仿佛是一个三棱镜，将一束看似平常的白光，折射成红、橙、黄、绿、蓝、靛、紫，每一种颜色，正是既担当着社会角色，又担当着家庭角色的爸爸妈妈、爷爷奶奶、姥爷姥姥、叔叔

姑姑、舅舅小姨……如此一来，公园设计的细腻之处，就有了指向的对象，并且强烈地提倡"陪伴"理念，以家庭为单位，以儿童为中心，将一家人紧紧联系在一起。儿童画自然是一种诗意的表达，那么在建成的公园一角，发生着朗诵的事件，自然也是诗意的结果。

工欲善其事，必先利其器

有了这些对什么是好的人居环境的深层次理解，启航运动公园的设计与建造，连同掌舵东岸的售楼处，在短短两个月中就完成了，确实也是"临沂精神，深圳速度"。

那红色的流动着的塑胶步道，就是那红色的魔法带，那些号称没空陪孩子的爸爸们和骑着滑板车的孩子这会正欢快地流动着，好一幕"奔跑吧！兄弟。"

那蜿蜒的跑道穿过一片高耸的银杏林，落日的余晖穿透树干，洒下金黄的斑驳，那是孩子们的魔法森林！

起伏的微地形草地上，如光洁的绿毯，巨型的蚂蚁雕塑刚刚爬出洞穴，孩子们带着爸爸在草地上打滚，莫不是进入了巨人国？

草丘中下凹的轮滑场地，忽上忽下，忽左忽右，孩子们的运动热情被彻底激发，那是他们的秘密基地，还不时拖着抱着二胎犹豫不决的妈妈一块往里跳。

也许不必过多的描述了

正如对着沂河的北广场，一个有着船首造型的景墙，仿佛在用形体语言，铿锵有力地传递着一种新的精神：起航吧，新临沂三生时代。

结语

城市需要什么？城市需要留住绿水青山、绿色空间。

市民需要什么？市民需要看得见、摸得着的实惠。

运动公园需要什么？需要视觉的愉悦、体验的愉悦，更需要精神的愉悦，家人陪伴的幸福！

这些我们都看得到，所以，研究与设计，只为你用心。

重庆，南岸

Sports Park, Chongqing

金辉运动公园

重庆犁墨景观规划设计咨询有限公司／景观设计

完成时间：

2016年

项目面积：

5,000平方米

摄影：

鲁毅

　　金辉运动公园，重庆市区最大内湖公园，为不辜负这一片场地，我们同甲方一起多次场地踏勘、调研，追寻历史记忆的语言。首要的关注焦点落定在"亲子"概念上，希望场地的记忆与故事能伴随他们的成长之初，这也是我们最原始的出发点。湖心宝藏的主题概念作为推演的指导，呈现出符合各阶段儿童心理的活动区域及设施小品。设计中的延续新建，场地记忆的巧妙

关联，成为相互碰撞中颇有乐趣的衍生点。整体场地塑胶铺设，最低程度对原始地形进行改动，湖蓝色的铺地，地面及小品设施中章鱼、螃蟹、鱼的形态迎合主题中对湖心的想象。

依托于公园整体规划条件，及日常生活中普遍关注的运动健康作为出发点，运动乐享的主题就此设立。场地本身极少的限制条件，给了我们最为宽泛的构思前提。它会是一场最富乐趣的运动盛"汇"。 在场地有限条件下，我们希望能提供更综合的运动项目类别，满足年龄跨度更大的参与者。区别于专项的童龄化及卡通化，增加更多专业运动知识，并关注运动中及运动后的便捷需求，我们提出四维创造点，并寄予景观渗透场地的期望。结合微地形，确保道路系统的连贯清晰，将多种运动场地灵活布局，并与景观相互融合，增强树荫空间的人性化考虑。

平面图

陕西，咸阳

Regeneration of Weihe River Floodplain Wetland Park in ShanXi Province
- Resilient Landscape Architecture for Water Environmental System

陕西渭柳长滩湿地修复与再生
——重建乡野韧性水环境系统

北京一方天地环境景观规划设计咨询有限公司／景观设计

协作单位：   面积：

北京大学深圳研究院绿色基础设施研究所   125公顷

完成时间：   设计师：

2017年   栾博、王鑫、金越延、夏国艳、白小斌、凡新、刘拓、邵文威

摄影：   获奖：

一方国际   2018年第八届艾景国际园林景观规划设计卓越奖（年度唯一）

　　渭河是咸阳、西安的母亲河，自古以来，她是关中大地至关重要的生态基础。快速城镇化使渭河在城市段面貌大变，失去了原有的生态服务功能。我们在咸阳境内的渭河缓冲带上将洪水适应、雨水调蓄、废水资源化三者统筹，拓展了城市海绵的内涵与价值。并把水净化过程与市民科普体验结合，再生水用于绿地植物、市民菜园的灌溉水源。形成了以水为核心，集洪泛河滩、湿地海绵、城市公园三位一体，具有洪水适应、雨洪调蓄、废水净化、休闲健身、自然体验、文化生活等复合功能的绿色基础设施。在工作过程中，我们将环境工程、生态技术、水利工程、景观设计多专业紧密合作，现场监测、分析研究、设计实施的过程联动，保证绿色基础设施的综合价值与多元目标得以实现。

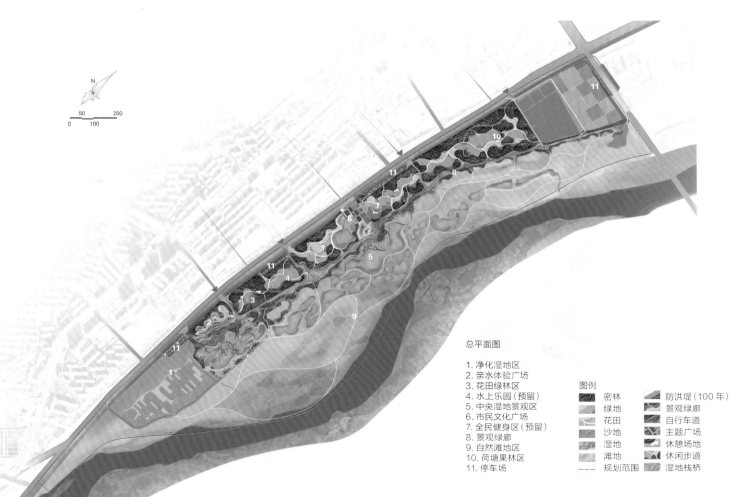

总平面图

1. 净化湿地区
2. 亲水体验广场
3. 花田绿林区
4. 水上乐园（预留）
5. 中央湿地景观区
6. 市民文化广场
7. 全民健身区（预留）
8. 景观绿廊
9. 自然滩地区
10. 荷塘果林区
11. 停车场

图例

▨ 密林		▨ 防洪堤（100年）	
▨ 绿地		▨ 景观绿廊	
▨ 花田		▨ 自行车道	
▨ 沙地		▨ 主题广场	
▨ 湿地		▨ 休憩场地	
▨ 滩地		▨ 休闲步道	
--- 规划范围		▨ 湿地栈桥	

原状土堤

抛石堤改造

改造林荫绿道

增设休闲空间

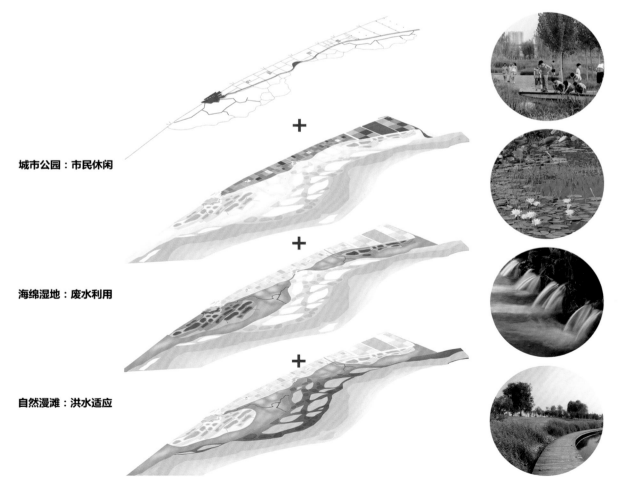

城市公园：市民休闲

+

海绵湿地：废水利用

+

自然漫滩：洪水适应

S4　水休闲策略
回归乡野河滩，重塑田园生活

在水生态、水环境建设的基础上，通过挖掘渭河水文化，以水为主线打造自然田园体验区。建设水文化广场、亲水体验园、市民农园、田园健身园等功能区，成为市民回归土地，体验乡野水滩，追寻田园生活的宜人之所。

S3　水生态策略
协助自然恢复力量

通过地形改造来营造多样化的栖息地类型。在保留场地原有树木及野生芦苇的基础上，种植乡乔、灌木以及水生植物，修复和营造水生动物、两栖动物和水禽的繁衍、觅食和庇护场所。

S2　水环境策略
污水净化，废水再生

在城市与渭河间构建起一道湿地净化缓冲带，利用生态湿地处理污水厂尾水。不仅大大减轻了城市雨污水对渭河的污染，还可为灌溉绿化植物、补充工业用水、为城市杂用水提供再生水源，并可成为市民亲水体验与环境科普场所。

S1　水安全策略
与洪为友的适应性景观

利用原始地势条件，构建适应不同洪水位的适应性景观。将最易受洪水淹没（5年一遇水位以下）的浅滩作为洪水公园，将相对淹没风险较小的区域（10年一遇水位线以上）设为湿地净水区，将最为安全的区域（20年一遇水位线以上）作为田园休闲区。

公园建成一年后，园内各监测断面水质均达到国家Ⅲ～Ⅳ类水标准，同时废水资源化的年回用量达到 2.4×10^6 立方米。公园平均建设成本为80元/平方米，仅为咸阳同类公园的三分之一；公园内不同地区草本群落生物多样性Shannon–Wiener指数提升至1.57～1.91，乔木群落提升至2.11～2.33；在现场收到的462份有效市民问卷中，公园总体满意度为94%。

本案将生态防洪技术、人工湿地技术、栖息地修复技术统筹于河滩空间中，同时充分考虑除环境外的社会和经济效益问题，通过景观设计途径实现集洪泛漫滩、海绵湿地、城市公园于一体的渭柳长滩湿地，成为生态文明建设在城乡绿色发展中的示范案例。

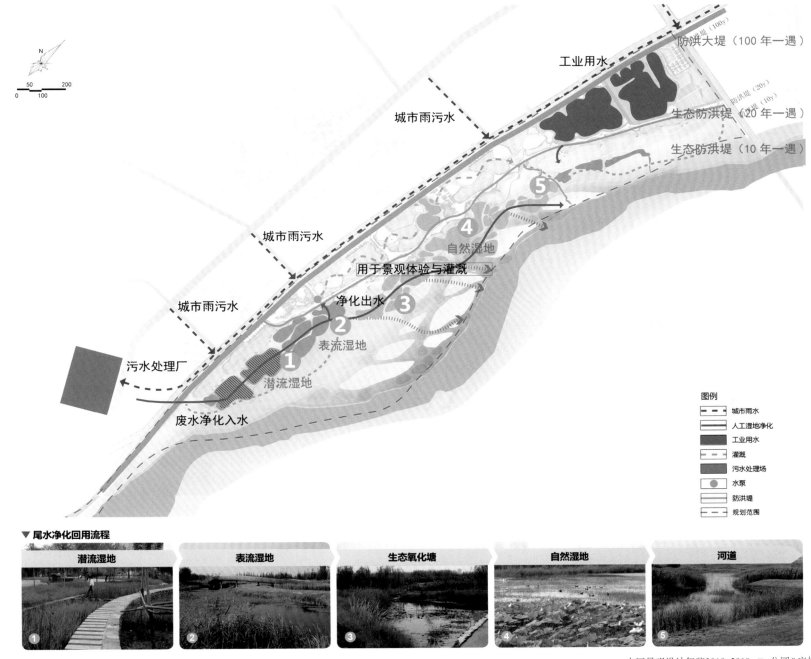

▼ 尾水净化回用流程

| 潜流湿地 | 表流湿地 | 生态氧化塘 | 自然湿地 | 河道 |

▼ 尾水净化回用
* 基于建成后监测结果

年水资源再生量
$2.4 \times 10^6 \, m^3$

▼ 建造成本
* 基于竣工后工程决算书

工程造价仅为
同区域滨河绿地的

1/3

本案 80 元 /m^2
其他 250 元 /m^2

▼ 最受欢迎区域
* 基于 2017 年 8 月 462 份有效问卷

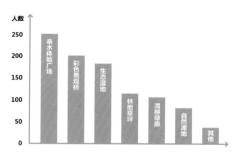

▼ 建成后满意度（POE 调查）
* 基于 2017 年 8 月 462 份有效问卷

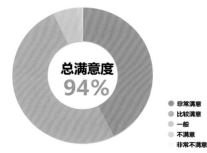

总满意度
94%

非常满意
比较满意
一般
不满意
非常不满意

▼ 尾水净化效果 * 基于建成前、后监测采样结果

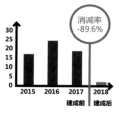

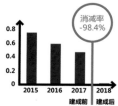

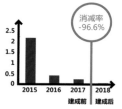

90% 舒适性

86% 亲近自然

77% 儿童游乐

80% 老人活动

广西，南宁

"Mountains and Water" in Designer
Garden of Nanning Garden Expo Park

南宁园博园设计
师园 "山水间"

山水间设计工作室／景观设计

完成时间：

2018年

实施方案设计：

刘通、郁聪、黄嘉瑶、王塬锐

竞赛方案设计：

刘喆、李雯、王兆迪

摄影：

刘通

项目面积：

39公顷

委托方：

第十二届中国（南宁）国际园林博览会筹办工作指挥部

"山水间"位于南宁园博园西南角，占地面积约2000平方米，是一个富有山水画意的花园。

北宋郭熙总结山有三远：自山下而仰山巅，谓之"高远"；自山前而窥山后，谓之"深远"；自近山而望远山，谓之"平远"。韩拙又增三远：有近岸广水，旷阔遥山者，谓之"阔远"；有烟雾溟漠，野水隔而仿佛不见者，谓之"迷远"；景物至绝而微茫缥缈者，谓之"幽远"。合称"六远"。

"山水间"以"六远"构建花园序列。

一为"深"。从下沉通道穿过层层山丘，前后相窥，有重峦叠嶂、层次深邃之感。山丘的表皮是由白色钢柱焊接形成的非线性曲面，这些曲面前后相叠，随着人视线的移动而不断变化。

二为"阔"。从"墨池"远望对岸山丘，水中山影粼粼，有空间延展、水广山遥之感。在有限的花园空间中，通过镜面水池将空间扩展一倍，并增加花园对光、风、雨等天气变化的反馈。

三为"高"。通道从"墨池"里徐徐抬升，行至山脚，非仰观不能看"苍峰"之全貌，也可进入山洞内探究，有山峰雄健、别有洞天之感。"苍峰"是花园唯一对称的形体，其挺拔向上的形态和洁白纯净的色彩，在天空和光线的作用下，形成适合冥想和静思的精神空间。

四为"平"。拾级而上，至最高处平台，一览远近山色，有视野平阔、心旷神怡之感。

五为"迷"。转入后山，隔着重重山壁，再观远处时已是山水模糊，有迷境恍惚，朦胧不明之感。

六为"幽"。竹径曲折，是出口，亦是入口，有曲径通幽，引人探寻之感。或行，或停，或观，或思，宛如水墨山水画中游。

—— 旅游 & 度假

建成时间：
2017年
项目面积：
121,493平方米
开发商：
泰康集团

广东，惠州
Luofu Paradise Park - Entrance Park
罗浮净土人文纪念园入口公园
SED新西林景观国际／景观设计

墓园景观是景观的一个分支，是文化的体现，随着历史的变迁，社会的发展，人们对墓地的认识打破了传统的封建思想束缚，墓地不再是阴森冷漠的代名词，将陵园景观生态化、艺术化、人文化的理念在新时代逐渐被人们所接受。

纪念园入口公园位于广东省惠州市博罗县福田镇境内，这里群山环抱，古木参天，自然生态优越，SED设计师以岭南文化"天人合一"为本底，将当地传统文化特色及佛教禅修致和气韵生动的思想意境融入设计中，并将"禅憩"精神作为设计灵魂着力营造出简约自然，回归本原，拙朴禅意，放松心灵的艺术陵园。

接到项目之初，我们考察了原有场地，虽周围自然环境良好，但很多地方年久失修，杂乱不堪。结合场地得天独厚的自然条件，SED设计师认为，纪念园呈现给游览者的应该是一种景观式的纪念空间体验，利用变化多端的空间形式丰富视觉感官。

入口停车场

停车场作为创新设计，避免了坡度过大造成的停车、行车都不方便的问题。一车一位，叠级布置，配以植物围合，顿时提升了整个停车场的品质和使用感受。

入口桥

　　入口高差较大，在不背离原始地形的基础上改进了原有方案，传统的石拱桥中间铺有汉白玉，配以流水小景，整个入口干净、灵动，而又震撼。从车行道望去一目了然。显示出纪念园最本源的气质。

八正道广场

　　八正道广场作为入口广场，设置了较大的集散空间，可同时举行千人法会。八边形的中央广场上立有14米高的著名佛教人物雕塑阿育王柱，围绕柱身及平台设置喷泉，可结合声、光、电、水进行表演。

石潭禅语

围合的空间布置,具有自然形态的竹制栏杆,在素净的白沙之上点放粗放桀骜的原石。休闲廊亭参考日本建筑,尺度考究,或站或坐都能找到舒适的最佳观赏点。游园休憩驻足于此,看到一位老僧正在绘制沙纹,沙即是水,宁静至枯寂,恍惚间,禅意味道悄然融入身心。

竹里寻禅

竹里寻禅，山间悟道，这一极富画面感的场景，也在园区里真实的体现。竹林禅影间，不论青翠的竹林，自然的砾石路面，还是隐在竹林之中的名人雕像，都在不断地强化"柳暗花明又一村"的景观意境，框景、障景，可见不可得，配合简洁大气休闲廊亭，端坐其中，真有一种置身世外的感觉。

林泉禅影

林泉禅影作为主要景观节点，也最为出彩。宽大的跌水面，让人工改造水景富有了自然河溪的感觉。植物的搭配将自然景观资源引入人造景观，配以置石，显得更加的浑然天成。不管是仰视、俯视、平视，都是一种独特的景观感受。

重庆，城口县

"Shared and governed" Public Spaces Design

"共享共治"式乡村公共空间

中国乡建院／景观设计

建成时间：

2018年

主创设计师：

赵金祥

团队：

粟淋、张小康、陈鹏、何宏权、张杰、傅国华

委托方：

重庆市城口县巴山镇人民政府

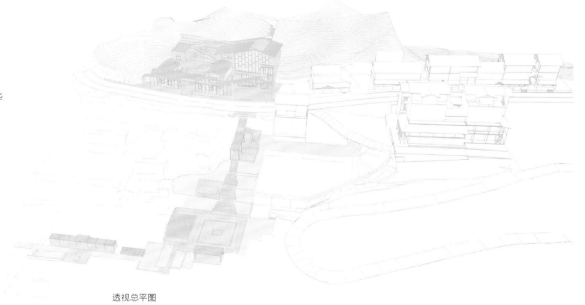

透视总平图

"久不唱歌忘了歌，久不行船忘了河，久不归家忘了路"——一位老人用山歌为我们讲述了被淹在湖中老家的故事。

村庄的集体记忆

城口县巴山镇地处川陕渝三省交界处，巴山镇的坪上村是一个背靠大巴山面朝巴山湖的移民新村，村庄沿道路呈线形分布建在山腰处，村民是库区移民时从周边集中安置此处，呈现小聚居大分散布局，因库区湖岸坡度大导致适宜建设的公共空间缺乏以及新村民之间的陌生感等原因，村民公共活动空间受限，在乡村旅游旺季还要面对游客停车疏散与垃圾治理等问题。由此，为村民和游客打造一系列满足生产生活需要，且有助于乡村旅游发展的"共享共治"式公共空间，成为迫切需求。

重建联系

一个村庄的集体记忆对人居环境生成的作用是影响深远的，同时这种记忆一旦形成信念也会为人居环境注入精神与魅力。我们在坪上村通过调研走访与村民大会的形式得知了村民对淹在湖下的黄溪老家记忆深刻。经与村民讨论，我们试图让村口空间与"老家"的记忆发生联系。

针对村民的方案交流是这个设计开放框架的重要环节，这是一个激发乡建主体性的过程。当我们在村委办公室为村民介绍村口公共空间与黄溪老街发生关联的设计想法时，方言的隔阂被打破了，喧闹的村委变得安静。他们理解这个想法并产生了共鸣，设计师与村民之间的信任得以建立，并在今后的工作中保持下去。

材料

村口场地是一个局促的陡坡，村标设计利用湖边村民熟悉的船型观景台，通过竖向与悬挑让空间延伸至山水之间。采用当地的石板瓦与山石结合垛木结构，回应当地传统；采用锈板作为字体与图案的底板，使砖红色的标识与当地的块石相映衬，加强了与村庄环境的联系；增加村民熟悉的构件元素，引起共鸣。

乡愁的渡口

场地动线设计是基于人与场所的对话关系展开的，希望人们了解这个新村庄与湖的那段历史。首先人穿过由塔型村标构筑的一种仪式化的平台空间入口，看到有关黄溪老街的介绍；接着远眺黄溪老街的水下遗址。此时，人与老街产生了空间上与心理上的联系。我们将设计理解为一种开放的框架。

通常乡村建设是从建筑入手，而坪上村公共空间资源匮乏，我们以乡村公共空间景观设计介入整体改造建设，激活村庄公共生活与集体回忆，重新凝聚人心。村标建成后，我们看见年轻人将这里作为新的公共场所，或者说这里是连接新旧之地通往乡愁的渡口。

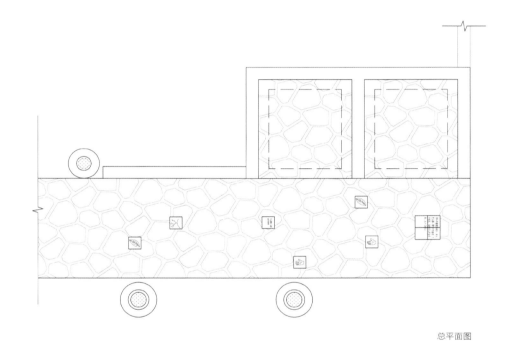

总平面图

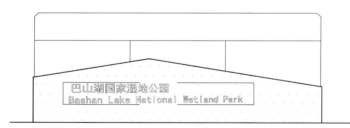

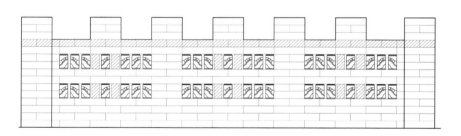

"共治"式景观设计探索

在探索村庄与旅游的关系时,我们遵循了环境教育与垃圾治理小闭环结合设计的原则,村庄聚居点距离巴山湖湖面有上百米的高差,下湖沿途垃圾的管理与搜集非常困难,设计希望将村庄小学改造与滨湖游线上一系列公共空间结合起来,让校园的环境教育课程可在滨湖的公共空间展开,增加沿途村民和游客环境教育参与感,激发村民与游客共同维护沿途环境的主体性,形成可以"共享共治"的乡村公共环境。设计依据乡建院社区营造团队制定的垃圾分类方法和培训动线,选在下湖主路结合村民广场及停车场的位置设计以垃圾分类回收和雨水收集花园等主题为主的景观节点。社造团队对小学生进行垃圾分类课程指导,同时希望通过一系列环境教育主题景观空间营造,引导游客在欣赏村庄与湖区的如画风景中参与到村庄湖区小闭环的垃圾治理中。

重识乡村垃圾

在乡村,垃圾是放错了地方的资源。从乡村垃圾的源头看,可用来堆肥的餐厨和焚烧的其他垃圾占大多数。当乡村旅游发展起来后,一是游客本身会带来大量的不可回收垃圾,二是村民为满足游客需求会过度消耗在地资源从而带来的过剩垃圾,这给当地乡村环境整体带来了极大的生态环境压力,而坪上村又是全国水源保护地与国家级湿地公园,设计选择通过垃圾治理生态小环境闭环式的景观设计处理乡村旅游与生态保护的关系。利用垃圾分类原则,因地制宜,将废弃物分流处理,利用现有生产制造垃圾,回收利用回收

品,如乡村自生产可堆肥垃圾等,填埋处置暂时无法利用的无用垃圾,并利用设计将垃圾分类中心的标识以不同颜色进行区分,以设计达到视觉冲击感,从而调动起当地村民的垃圾分类处理的自觉性,垃圾分类场地由乡建院社工团队组织村子内外的小朋友进行垃圾分类课堂体验,小朋友们通过担任课堂体验游戏中的"分拣员"角色学习一些简单的有机肥处理方式,学会了垃圾分类的小朋友们也逐渐担任起村庄的垃圾监督员的角色,这一系列行动让村民重新认识了垃圾。

环境教育

设计希望通过可参与的环境教育主题化景观设计串联村民广场、雨水花园、垃圾分类回收中心、誓言台等节点,力图表达湖泊环境于乡村的不同意义体验。这种体验设计策略首先是通过对湖景山林运用框景、对景手法来强化村庄自然要素(比如村民儿时栽种的树木)与景观设施的共生关系,其次是以满足日常垃圾分类回收及环境教育的场地需求进行景观化的处理来体现;最后将这些景观片段的体验感在一个象征新的集体记忆的誓言台处进行升华。誓言台设计利用镀锌钢板材质对周边环境的反射效果营造一个冥想之地,并由上部分的透明材质和下部分的非透明材质相结合,通过以不透明材质高差起伏的变化,打造了一个山脉的缩影图,再通过地面的趣味导视说明提示游客将不能带下湖的垃圾(不可腐烂类垃圾)集中到垃圾分类回收池,实现以设计带动体验者共享共治的目的。

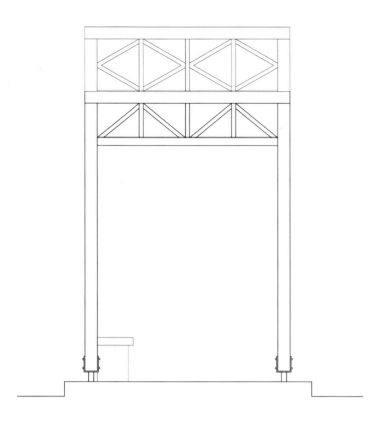

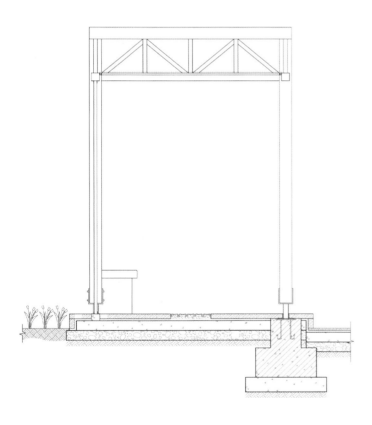

废旧材料与低技术营造

　　设计考虑到当地乡村工人施工水平和施工条件等因素选择以低技术的建造结合当地材料为主,建造材料主要由便于加工的预制水泥块、砖木和废弃酒瓶为主。预制水泥块让村里的小孩子收集了附近主要树种树叶拓印在水泥块后,将其安装在垃圾分类池内增加环保趣味,木构廊架采用钢构件连接地面较为节约基础建造成本,废弃酒瓶结合普通红砖为主要铺地设置在游客休息的主要亭廊处,希望通过废旧材料运用与低技术施工营造出一系列教育体验式公共空间,引导游客与村民逐步建立一种"共享共治"式的"场所体验"。

结语

　　我们发现坪上村外部公共空间的设计与实施过程是个村民主体性重建和村庄文化自信恢复的过程。这是一个动态的过程,设计师可以选择作为协作者利用这种规律协助村庄通过召开村民大会征集意见、与村民调研访谈、参与建造营建等方式加快进程,将"外人"指手画脚的村庄规划建设变为村民协力互助的自主建设成果,营造出一个能让大家共同爱护并融入集体记忆的"共享共治"式乡村公共空间。

建成时间：

2016 年

主创设计师：

赵金祥

设计师：

何宏权、蹇先平、张小康、宋正威

项目面积：

约300平方米

材料：

当地石材角料、废木料、废菜坛、混凝土、竹片等

贵州，遵义

Participatory Theme Village Sign Design

参与式主题村标设计
——重拾乡村文化自信

中国乡建院／景观设计

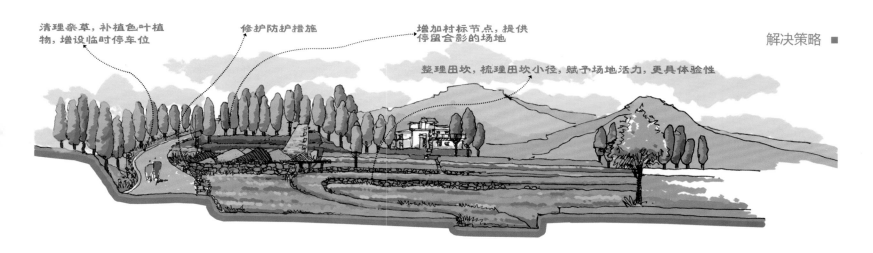

清理杂草，补植色叶植物，增设临时停车位

修护防护措施

增加村标节点，提供停留合影的场地

整理田坎，梳理田坎小径，赋予场地活力，更具体验性

解决策略 ■

前言

费孝通先生认为，人类唯有一个共同一致的利益，文化才能从交流达到融合。文化的生命才能得到延续，文化才不会死。有文化自信，必须依靠一定的文化张力，在我看来这种张力正是源于集体的故事，是一个从无到有的过程。

故事起源——尧龙山村

尧龙山村位于贵州省北部的桐梓县尧龙山脚下，海拔1100米左右，夏季凉爽，是黔北地区知名的全国美丽示范乡村。这里有许多关于尧龙山村的传说，村中老人常用"四川有个峨眉山离天三尺三，贵州有个尧龙山半截插在云

中间"彰显自己对这座"靠山"的崇敬。不过这里与中国大部分村庄相同，村里的青壮年平日以去远方打工为主，老人孩子留守村中，近段时间无工可做的青壮年回村加紧扩建自家农家乐的经营面积，普遍已建到3到4层的高度，准备迎接来年数以万计到山上避暑的游客。这种竞赛式的乡村建设让村民只关心"以量取胜"的进度，用毛利润与接待量计算美丽乡村建设给自己带来的幸福，忽略了村庄内生文化与生活自信所带来的可持续吸引力。

方案设计

在城市，我们的设计常会忽略生活在一定文化中的人对其文化是有"自知之明"的这个社会因素（失去以家族为纽带的城市人的关系逐渐疏远），基于这个背景无论是设计师主动还是被迫设计的空间往往让使用者处于被接受状态。我们在乡村建设中希望解决这个问题，试图通过参与式的主题设计让村民可以明白结合乡村文化的设计来历、形成过程以及所具有的特色。这个过程会基于村庄熟人社会的特点加强村民对文化转型的自主能力，取得适应新环境自主地位，这个过程也是老人们以长者身份言传村庄历史重建文化自信的过程，更是村民们重归村庄建设主体地位的重要阶段。我们的方案经过对村庄人居环境的深入调研与山水田居的空间梳理，决定把村口一个300多平方米的场地作为整村改造的启动区域之一，希望从村民关心的田间生产与生活入手，在协力建设村标及周围环境的过程中，辅助村民顺利找到旅游文化身份的转型切入点与重拾文化自信，以应对高强度的美丽乡村建设与快速发展的乡村旅游市场对村庄在地文化的冲击。

参与式设计——参与设计是为了唤起在地文化的集体共鸣

设计主题化是景观设计常用手法，但这种手法在乡村建设中常流于应付上级领导的噱头，不能接足地气，究其根本是对村庄调研不够深入、对乡村建设的村民主体地位认识不清，无法调动其参与的积极性，若结合参与式乡建方法巧妙引导可起到四两拨千斤的作用。比如这个村庄村标的设计主题是边整治村口环境边形成的思路，最终在与村民的反复讨论中确定了引用当地流传"龙有九子"的神话传说为主题。设计师巧妙地让当地石材"马蹄花"在尧龙山脚下生成不同肌理的九座山脉，以呼应"龙有九子"的神话传说。作为做为主体与山林水

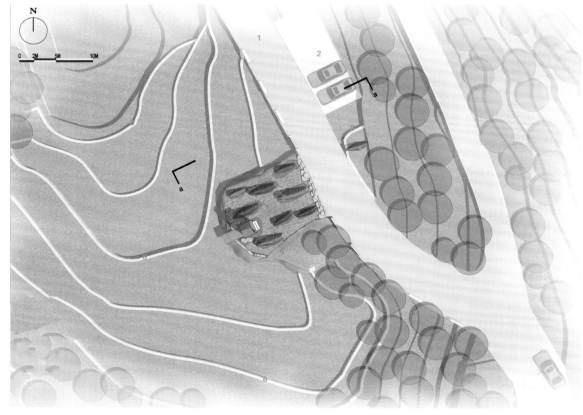

1. 进村公路
2. 停车场
3. "马蹄花"石林
4. 村标主体构筑物
5. 观景平台
6. 毛石挡墙

总平面图

田交相辉映，犹如九龙之首，守护着尧龙山村。村民通过对村口村标设计主题的讨论形成了共鸣，尤其是当初讲述故事的老人们在讨论以"尧帝九龙子"的主题贯穿村口设计时显得激动不已。这种参与式的设计一方面使村民意识到这个"村庄脸面"讲的是自己村庄与尧帝九龙子的故事，自己是建设的主体参与者。另一方面在文化主题上留白的村标设计探讨转移了村民对房屋改造的热情，自觉参与到关乎代表自己村庄形象气质的文化主题思考中。

材料运用——协力造物开启自然的认知方式

当地材料运用一直是乡建的难点，设计常常会陷入模仿城市材料的工艺与样式，最后就剩堆磨盘摆坛子的乡土景观，这种设计常忽略了当地材料的生长与工艺特性。马蹄花石材是当地特有材料，其表面常有马蹄花纹，我们希望通过与熟悉其特性的村民协力造物了解其特征，再以科普宣传方式让石材自己讲故事，恰好村子有对姓傅的石匠父子，从事马蹄花石材打磨工作多年，我们有幸在其引导下了解了马蹄花石材形成与开采过程，这种当地石材开采起来有一定随机性，可能是光面或毛面，亦可黄色或灰色，更有特色的是部分石材含有化石。最终我们与石匠商讨决定利用石材加工厂不便出售的角料与废料，采取角料整体搬运摆放、废料经打磨后层层叠砌模拟石材自然生成的过程，向人们普

及这种石材的九层特质。我们一起做了个样板，反复推敲，最后的成品让石匠父子很欣慰，他们把它当作艺术品一样对待。

九龙游田——在地文化建立了人与田的新关系

在乡村建设中人们往往关注房屋改造与村民广场的打造，忽视了村庄生产性田地作为公共景观的利用，改造这部分生产性景观的过程是集改善村民生产环境、提升生产作物安全性于一体，并非只为美观。本案村标选址紧挨主路旁洼地的水田，有部分土坎与石坎蜿蜒其中，我们在这个村标区域的设计延伸是与这块田的田坎发生关系，并与田的主人一起加固田坎，选择几条其常用的进出路径作为加固对象，这样既强化了九龙蜿蜒田间的肌理印象，也满足了村民生产生活的便利需求。在村标建设过程中村民越发关注田坎施工质量，不再像建设刚开始的时候觉得这是政府与工程队的事，对于砌筑坎子石头的大小与样式选择也常与设计师一起探讨，他们说因为这里是村子的脸面不能马虎。村民与这片水田因传说相聚于村标，村标内部有一个独特的挑台悬于田上，站在挑台上村民第一次发现村口这块不起眼的水田经过整治可以如此美丽，田可以变成"脸面"融入自信。

重拾自信是幸运故事的延续

村标不仅仅是一个标识，更是一个场所。是村民与我们在乡村建设大潮中共同守护村庄文化自信的见证。在整个过程中主题本身并不重要，重要的是我们以一种开放式的设计框架让各个利益相关体都参与进来，逐步摸索到一条可以产生集体共鸣的主题文化线索。尧龙山村的村民们正逐渐认识到自己尧龙文化的独特魅力，这使得其文化自信也越来越强。以往只有村里少数老人闲聊的尧龙传说，如今常见曾参与建设的年轻村民在村标前与邻村的亲朋好友们分享。老人们也顺理成章地因"会讲故事"而备受尊敬，路过村标都要抖抖精神。央视二套到村庄采访时，站在摄像机前的老支书充满自信地给记者讲述着村标的来龙去脉。

小时候我们常听爷爷奶奶讲故事，长大了我们关于故事的回忆往往显得苍白。在乡村，老人们有很多的故事，来不及讲就入土为安。愿我们在乡村珍视这设计的机会，记录好他们的故事，为我们这片挚爱的乡土留下最后一点接地气的记忆。

建成时间：
建设中
项目面积：
3333公顷

中国，重庆

Luneng Jiangjin Country Paradise, Chongqing

鲁能重庆江津美丽乡村

MCM Group／景观设计

鲁能重庆江津美丽乡村项目总占地约3333公顷，核心区约267公顷。核心区是整体区域的先行区，也是重点策划产品的浓缩集合。入口接待和智能展示中心对外承接，保留改造百年民居为文化博物馆、商业餐饮和特色民宿，传承基地文脉。以优质梯田为中心，选择周边地形适宜、视角较好的区域，布局庄园样板产品。充分利用片区内高点插旗山的良好实现，对应打造入口湖区，同时布局超豪华型庄园会所，增加片区识别性。在南部布局婚庆中心、农田游乐设施等小型主题体验项目，以达到带动农业休闲娱乐、湿地养生运动、庄园社区三向延展的目的。以社区方式重构乡村活化新模式，引入完善优质的社区配套，帮助社区居民享受城市同等便利的生活和公共服务。围绕农业展开高科技体验、科普教育、娱乐、运动养生等主题化的休闲活动，拓展对外展示维度和吸引力，建立忠实有追求的客户群体。

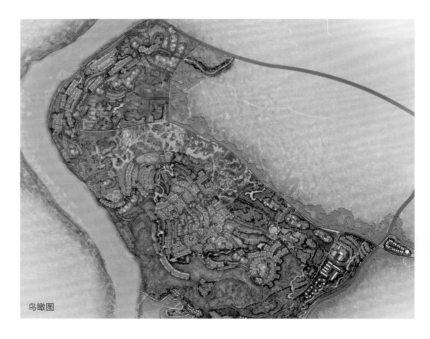

鸟瞰图

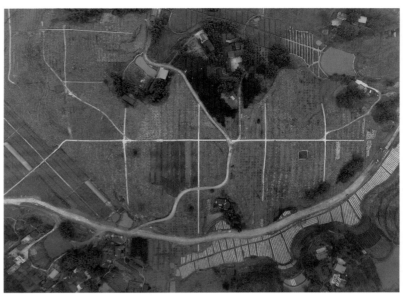

摄影：
存在建筑–建筑摄影
项目面积：
11.3 公顷
开发商：
四川申阳置业有限公司
获奖：
"地产设计大奖·中国"优秀景观奖

四川,峨眉
Jiubin Wetland Project In Mount Emei

峨眉山九宾湿地

贝尔高林国际（香港）有限公司／景观设计

2017年6月22日，四川省住建厅发布消息，在前期各地推荐的基础上，经专家组评审和现场复核，最终确定共有42个镇入选四川省首批特色小镇。其中就有"峨眉山九宾湿地"所在地峨眉山符溪镇。项目位于乐峨交通要道，乐峨路符溪段，流水潺潺的峨眉河贯穿其间，水系蜿蜒润泽，自然植被郁郁葱葱，宛如一派天成之境。

设计宗旨

项目旨在通过景观设计提升峨眉山度假休闲旅游城市形象，借此拉动乐山及峨眉山的旅游及经济发展。

九滨湿地设计手法为师法自然，尽可能地保留原始植被及自然风貌，设计师及客户之间的努力合作力求将一个住宅转化为一个周末度假休闲胜地，中式的建筑和场地的和谐融洽让人感觉好像它已经存在在这里多年。

浪漫的田园风光带、静谧的高尔夫球场、旖旎的峨眉河以及融于自然的建筑让住户和进入此处的游客充分而舒适的沉浸在九滨湿地的美景中！

主入口及道路

路网与周边的环境，从主入口大门开始延伸，给人以一种观赏价值。两旁的植物花卉层层叠叠随道路蜿蜒，不同品种的花卉一年四季竞相开放，任你寒冬腊月还是夏日炎炎，都将呈现一片春意盎然的温馨景象。

高尔夫湿地

设计中极为注重原生态湿地与园林景观相结合，创新的园林设计，选培香樟、银杏、樱花等植物，更有九宾湿地稀有特色植物桫椤、珙桐等。全天然景观绿化吸引白鹭、天鹅、西伯利燕鸥等候鸟在此繁衍生息，将美景融入生活、居家之中。

高尔夫会所

巧妙的园林布局，步移景异的园林效果，淋漓尽致的生态景观，于此栖身，常伴鸟语花香，闲暇之时，漫步园区体验悠然慢生活，繁华之畔，享自然深处的宁静与优雅。

销售区景观区平面图

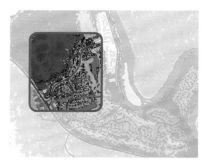

位置图

旱溪：旱溪、造型岩石、植物一起组成富有自然韵味的岩石园景观，岩石选购以自然、富有造型特点为原则，造型风格应整体统一，其种类宜多样，以便相互搭配组合形成石景；不可选择造型普通的大圆石块。岩石之间搭配布置由石景专家负责。岩石颜色选择以具有年代感为优先。

旱溪周围道路铺地以灰色石材为主，体现中式铺装的素雅感觉。

中庭水景：中庭区广场铺装采用竹木地板，具有良好的使用性能和使用周期，广场布置有休闲座椅。

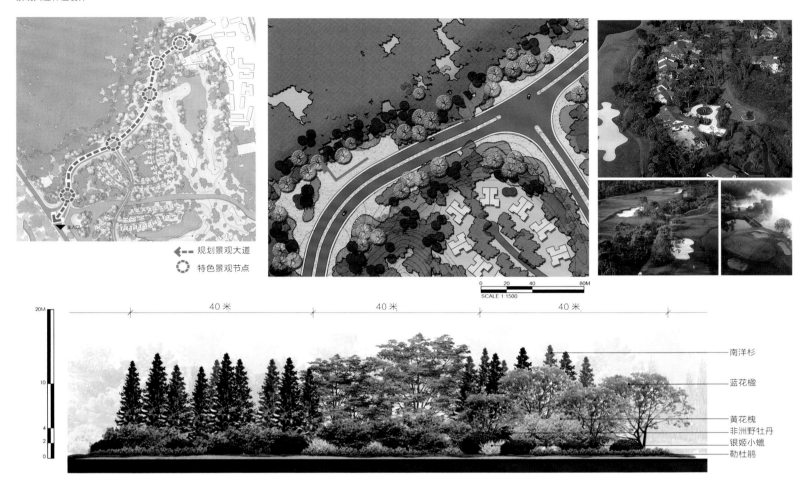

南洋杉
蓝花楹
黄花槐
非洲野牡丹
银姬小蜡
勒杜鹃

主入口

平面图

建筑透视图

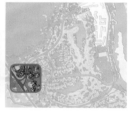

剖面放大图

柏油	植物区	步道

中国天然花岗岩 颜色及饰面配合建筑
中国天然花岗岩 颜色及饰面配合建筑
中国天然花岗岩 颜色及饰面配合建筑
中国天然花岗岩 颜色及饰面配合建筑

中国天然花岗岩 颜色及饰面配合建筑

1:100

植物区	步道	植物区	柏油	植物区	柏油	植物区	步道	植物区

指定植物(参照种植园)　　指定植物(参照种植园)　　指定植物(参照种植园)

剖面图

种植土混合成分见设计规范　　种植土混合成分见设计规范　　种植土混合成分见设计规范

1:150

水池铺底采用不锈钢架构支撑铺装，材料为大规格山西黑光面，使得整体镜面水效果更为出众，池底点缀水底星光灯，夜晚如星光点缀。

池沿采用山西黑整石，简约、大气，靠镜面水池一侧池底增加出水口，保证池外跌水水量均匀。池外卵石带为米黄色鹅卵石，形状圆润，规格大小接近。

北广场水景：广场采用竹木地板，具有良好的使用性能和使用周期。广场正对建筑入口中心处布置特色雕塑品，具象的雕塑象征着良好的寓意，并增添空间趣味。北侧布置有矮景墙，隔断外界对此处的影响。

建成时间:
2018年
设计师:
迟振东
摄影:
高汉杰
项目面积:
72,000平方米

成都,郫县

Dolly, the Peach Garden

多利·桃花源

四川蓝海环境发展有限公司 / 景观设计

多利·桃花源位于成都市郫县红光镇白云村,此处地势平坦,土地肥沃,多利·桃花源是依托专业的科技农业从而衍生出的新型农业社区小镇。

整个项目的景观设计以"川西林盘"为模型,分为公共区域和庭院区域两部分。

公共区域结合建筑分布,按村落形式依照行进动线分为"村口""村尾""巷道"三部分;"村口"作为形象展示空间兼具"村民"活动、聚集场地;"村尾"作为道路的端头,是端尾的景观节点和村民休憩、交流的场地;"巷道"则为行进道路,承接各个别墅庭院的入口空间。

而庭院部分,则借鉴中国古典园林的造园手法打造新中式景观,结合现代的元素,致力营造丰富多变的景观空间,达到步移景异、小中见大的园林景观效果。

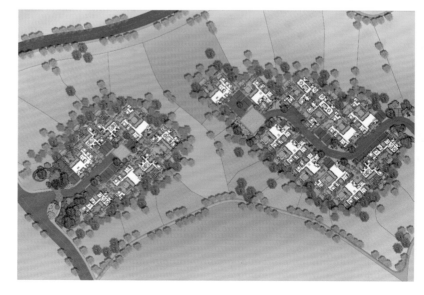

总平面图

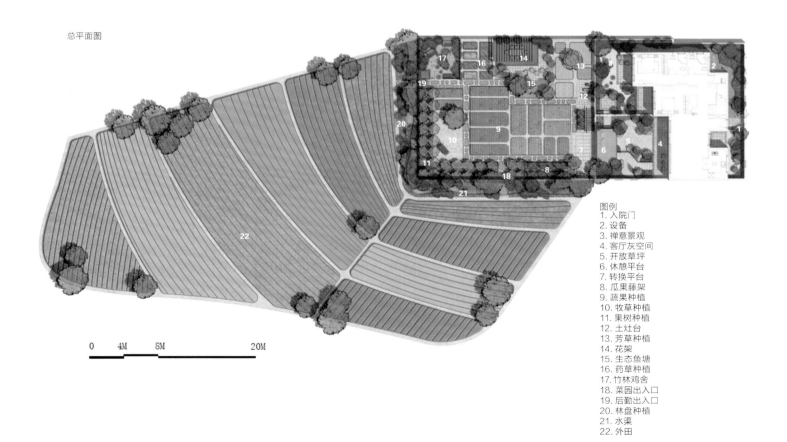

图例
1. 入院门
2. 设备
3. 禅意景观
4. 客厅灰空间
5. 开放草坪
6. 休憩平台
7. 转换平台
8. 瓜果藤架
9. 蔬果种植
10. 牧草种植
11. 果树种植
12. 土灶台
13. 芳草种植
14. 花架
15. 生态鱼塘
16. 药草种植
17. 竹林鸡舍
18. 菜园出入口
19. 后勤出入口
20. 林盘种植
21. 水渠
22. 外田

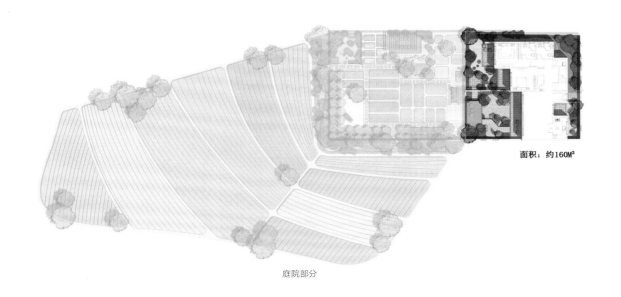

面积：约160M²

庭院部分

在划分"公共区"和"庭院区"两大区域框架的同时，整体景观设计由内而外形成层次鲜明却又相互渗透的"庭、院、园、田"结构。看似毫不张扬，实则工整礼序的庭院结构，是门庭赫奕的绝佳诠释。

项目景观设计与建筑风格和谐统一，以清雅恬淡、变化有致的江南园林为蓝本，以诗意韵味为核心，通过精致的景观处理与意境的体现，集景观观赏与休闲生活功能为一体，将江南园林所赋予的青山碧水间的隐逸、长亭远桥处的淡泊、春花秋月时的浪漫——展现。

多利·桃花源更建立了有机农业种植、家庭农庄合二为一的产业模式，为小镇提供了原生态自然景观的同时，也为小镇的持续发展提供了良好支撑。

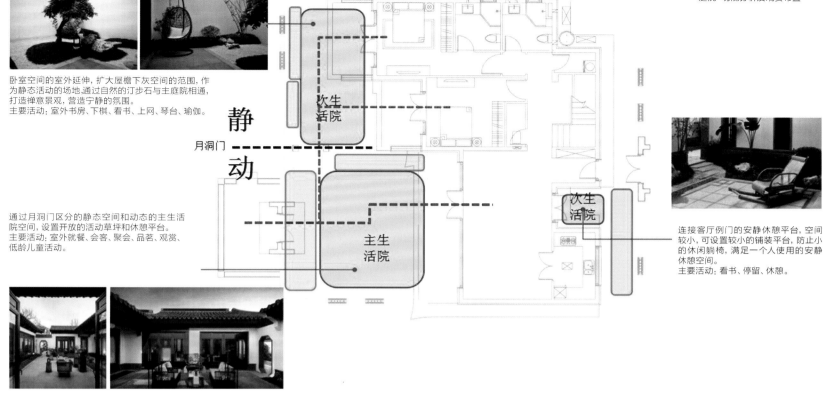

卧室空间的室外延伸，扩大屋檐下灰空间的范围，作为静态活动的场地，通过自然的汀步石与主庭院相通，打造禅意景观，营造宁静的氛围。
主要活动：室外书房、下棋、看书、上网、琴台、瑜伽。

静
动

月洞门

通过月洞门区分的静态空间和动态的主生活院空间，设置开放的活动草坪和休憩平台。
主要活动：室外就餐、会客、聚会、品茗、观赏、低龄儿童活动。

次生活院

主生活院

次生活院

连接客厅例门的安静休憩平台，空间较小，可设置较小的铺装平台，防止小的休闲躺椅，满足一个人使用的安静休憩空间。
主要活动：看书、停留、休憩。

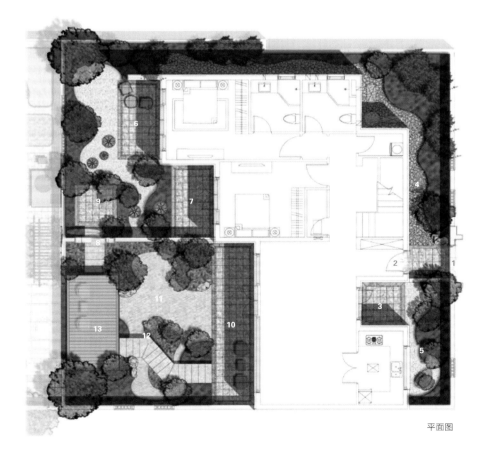

1. 入庭院
2. 入户门
3. 起居室休憩平台
4. 检修通道（大规格砾石）
5. 枯山水景观（小规格砾石）
6. 次卧休憩灰空间
7. 次卧或书房休憩空间
8. 月洞门
9. 转换平台
10. 起居室廊下灰空间
11. 活动草坪
12. 绿岛
13. 廊下灰空间休憩平台
14. 后院菜园平台

平面图

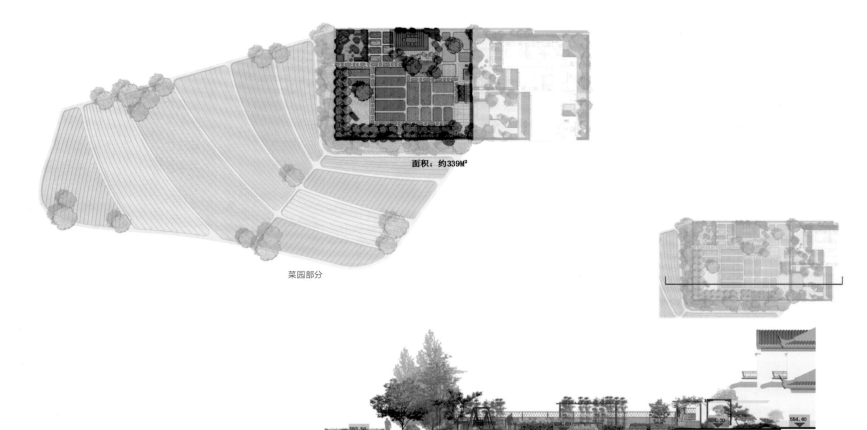

面积：约339M²

菜园部分

菜园·竖向分析

| 大田 | 林盘种植 | 菜园 | 庭院 | 建筑 |

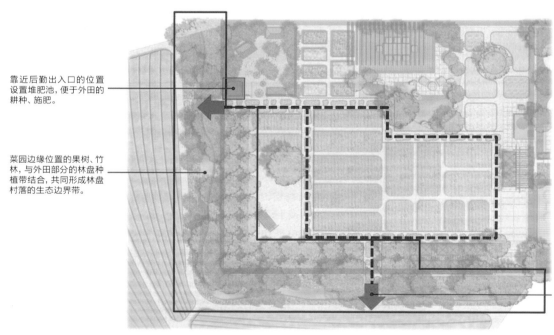

靠近后勤出入口的位置设置堆肥池，便于外田的耕种、施肥。

菜园边缘位置的果树、竹林，与外田部分的林盘种植带结合，共同形成林盘村落的生态边界带。

在果林中设置菜园和外田之间的主要出入口，结合果树种植和外田的林盘种植，穿林而归，创造良好的景观回家体验。

菜园与外田关系

1. 花藤廊架

2. 取水井

3. 土灶台

4. 工具箱

5. 室外高低洗手台

6. 堆肥池

菜园·配套设施

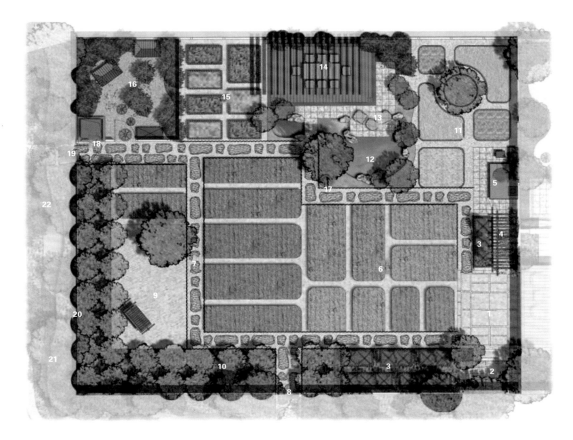

1. 菜园出入平台
2. 工具准备平台
3. 瓜果种植区
4. 种植廊架
5. 土灶台
6. 蔬果种植
7. 汀步步道
8. 菜园主要出入口
9. 牧草种植
10. 果树种植
11. 芳草植物种植
12. 鱼塘
13. 亲水平台
14. 花藤廊架
15. 草药种植
16. 竹林鸡舍
17. 取水井
18. 堆肥池
19. 菜园后勤出入口
20. 菜园围墙
21. 外围林盘种植
22. 外围水渠（护村河）

菜园·平面图

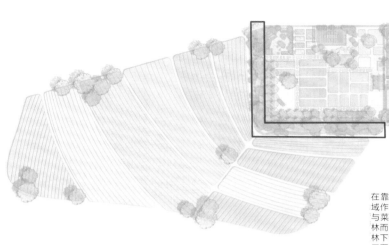

在靠近菜园边界的区域，设置2~3米宽的区域作为林盘种植区，通过树木、竹林的搭配，与菜园内的果树共同形成植物围合，形成"穿林而归"的回家体验。

林下设置蜿蜒的自然水系，作为"护村河"，入口石板小桥，是谓"小桥流水人家"。

外围的植物种植和水渠一方面作为生态的防护带，另一方面也分担了后院的安防功能。

外田 林盘种植、水渠分析

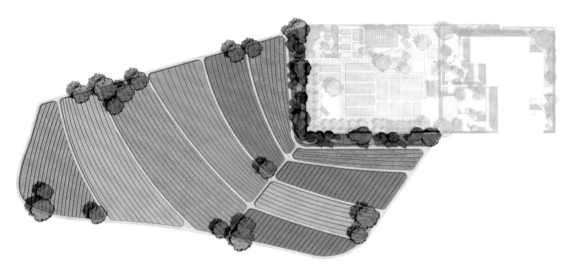

外田部分

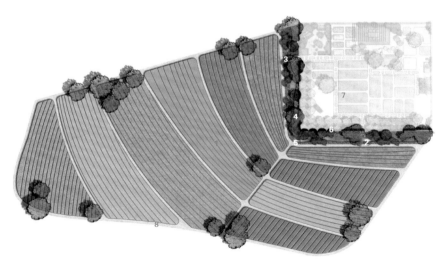

1. 大田种植区
2. 菜园出入口
3. 后勤出入口
4. 林盘植物种植
5. 水渠（护村河）
6. 菜园围墙
7. 菜园
8. 机耕道

外田·平面图

上海，崇明

Qian Xiaoju Farm

前小桔创意农场

Pandscape 泛境设计 / 景观设计

建成时间：
2016年
项目面积：
农场核心活动区约33，333平方米
业主单位：
上海橘野农业科技发展有限公司

前小桔创意农场位于上海青草沙畔长兴郊野公园西入口处，拥有优良的水土条件和生态环境。这里原本是前卫农场的柑橘种植基地，现为上海首个以柑橘为主题的创意体验农场。设计范围为农场核心活动区，设计最大限度尊重了场地现状，采用乡土自然工法，让这片土地能够更加自在地呼吸，并在乡野中呈现出有品质的秩序和精神。

场地规划上，由于受到农业用地路宽的限制，设计保留现状场地上面橘树林肌理，采用化整为零的做法，通过多条宽度不等的道路来组织疏导交通人流，根据使用功能将全园分为多个乡野体验类与自然保育类区块。主入口广场体现了前小桔创意农场的主题颜色——橙色，彩钢围栏、景墙与坐凳在色彩与材料的选择上最大限度的平衡了吸引游客的需要与乡野在地性；五谷园的设计采用了平直的线条，提醒这是一处农业生产种植园地，中央设有一块活动草坪，大小刚好等于1亩，游客在此得以感知到"一亩田"的尺度，在这

里你可以识五谷，知稼穑，明甘苦。这是传统农耕文明的一个小小的缩影，生长收藏，四季轮回；小桔餐厅区由既有建筑改造而成，是一个迷你的乡野田园综合体，配套有雨水花园、生态塘等自然玩乐科普场地，可谓艺圃雅舍，平和悠闲，田园小厨，有味自然；儿童游乐区是一个自然、安全、生态、充满活力的活动空间，这里有压水器、引水槽、沙坑、木作玩偶等各种朴素的生态游乐设施；水塘菜园区采用沉水植物＋生态驳岸的措施，以改善水质为主要目的，岸上的菜园区有一个亚洲最大的螺旋菜园；田园野餐区主要是希望给平日里难得陪伴孩子的爸爸们能够有大显身手的机会，在这里，可以一边品尝自然的馈赠，一边欣赏自然的美景，可谓前小桔的奢华自然就餐位；野花鱼塘区由场地原有的一片方形水塘改建，设计基本保留了场地原有的形状和空间感，沿袭古法，顺势略做修整，增加木质钓鱼平台，并在沿岸护坡上播下野花野草，朴素无华；小动物乐园专为儿童亲近动物设计，是儿童与动物安全互动的最佳场所。

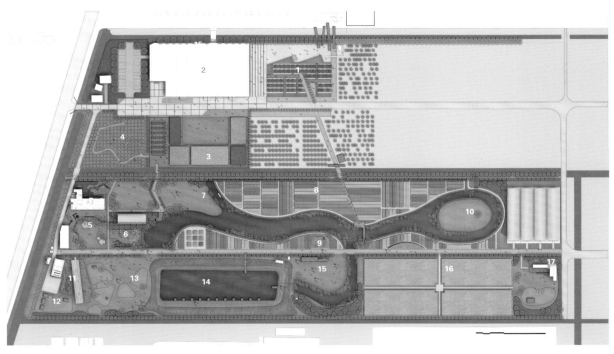

1. 入口广场
2. DIY 中心
3. 五谷园
4. 迷你果园
5. 建筑前广场
6. 戏水区
7. 活动草坪
8. 生产区
9. 亲子采摘区
10. 向日葵岛
11. 生态塘
12. 小动物饲养
13. 小动物乐园
14. 鱼塘
15. 烧烤区
16. 稻田
17. 作坊
18. 羊驼观赏

总平面图

前小桔创意农场设计尊重了这片土地原有的空间肌理，保留乡村应有的生活场景，水塘、菜地、野花野草这些乡村意向被有意识的保留重构；设计同时向内填充多样性功能，使整个场地成为一个复合性空间。两方面的把握使场地既有城市公园精巧、丰富的一面，又兼具郊野公园的生态与质朴。不喧哗，不简陋，一切从自然出发又以人为本，恰到好处寻觅到了乡野中的秩序与精神。

秦皇岛，北戴河

ARANYA Camp Landscape Design

阿那亚·启行营地

BJF(宝佳丰)国际设计／景观设计

建成时间：

2017年

项目面积：

20,000平方米

开发商：

北京天行九州房地产开发有限公司

　　阿那亚·启行营地紧临阿那亚别墅区、高尔夫会所、公寓式酒店，为了方便周围居民、游客、儿童前往观光休闲，道路以营地为中心，辐射四周。

　　阿那亚(ARANYA)青少年户外部分分成了"动""静"两个活动区。从功能上划分，青少年营规划了入口景观区、户外拓展区、室外用餐区和林中穿行区四大主体空间。

　　景观铺装根据不同的地形、功能不同，选择了素混凝土、碎石子、原色枕木、石汀步以及穷实土组成。在植物种植选择上，以孤植树、基调树、芒草和马鞭草为主。建筑与景观完美融合，使用孤植和大量地被的种植手法，大面积的留白，刻意为孩子们留出大片的绿地空间，360度无死角的开放视野营造出自由美妙的活动空间。夕阳西下，夜幕来临，景观照明系统烘托出建筑的轮廓线，同时也让营区冰冷的建筑增添了许多温馨气氛。

平面图

1. 入口广场
2. 石汀步
3. 停车场
4. 球坑
5. 阳光草坪
6. 高空绳索
7. 室外用餐区
8. 攀爬墙
9. 建筑中庭
10. 林中小道
11. 垃圾站
12. 原生刺槐林
13. 绿化隔离带

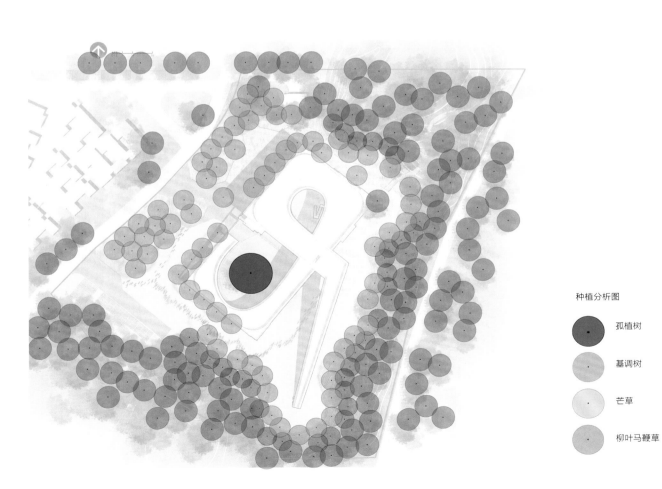

种植分析图

孤植树

基调树

芒草

柳叶马鞭草

春季 SPRING—
绿意滋长

夏季 SUMMER—
茂盛多姿

秋季 AUTUMN—
色彩层次

冬季 WINTER—
遒劲肃然

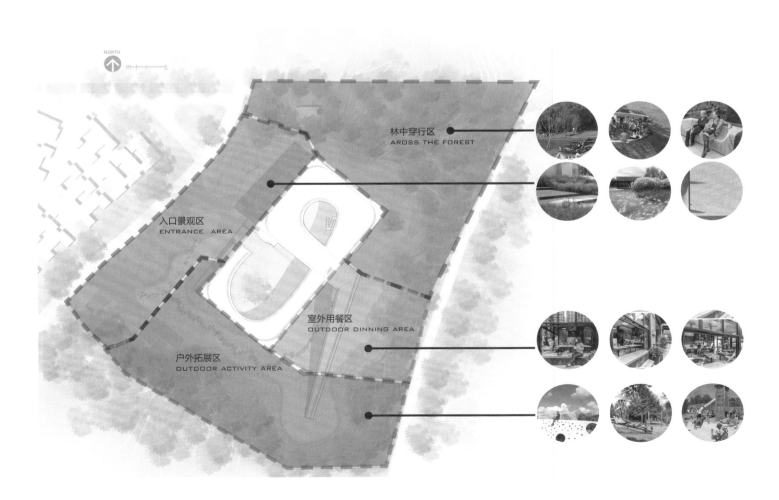

NORTH

林中穿行区
AROSS THE FOREST

入口景观区
ENTRANCE AREA

室外用餐区
OUTDOOR DINNING AREA

户外拓展区
OUTDOOR ACTIVITY AREA

—— 居住区 & 别墅

北京

Sunac · No.1 Project in Beijing

融创·北京壹号院

贝尔高林国际（香港）有限公司／景观设计

摄影：
存在建筑 – 建筑摄影
项目面积：
28,200平方米

区位优势

　　融创·北京壹号院位于北京市朝阳区，南靠亚洲第一大城市中央公园朝阳公园，西邻优美的湖滨资源，得天独厚的地理环境、沉淀的历史文化资源、丰富的人文风情以及不可复制的优秀景观资源，为创造地标性豪宅提供了绝佳优势。

打破环境困局，探索景观价值

　　北京的地理环境及气候受不同季节的影响，要达到理想的环境设计效果，我们需要打造出在四季、日夜都可以让人享受的空间，予居住者拥有家的感觉，创造不受时空限制的特色环境。

打破空间布局

　　融创·北京壹号院是一个典型的狭长线性空间布局，需要我们在建筑、采光、视觉、空间等多方面进行考虑。

　　为了削弱建筑的压迫感，提升视觉上的景观生动性，从枯燥的线性布局中跳出来，创造精彩趣味的空间，我们将平面由最初的中轴线开放空间大草坪演变为错落有致的趣味像素花园，希望为居者营造一份现代特色花园的住宅感受。

改善生态环境，打造住宅呼吸面

　　鉴于城市住宅中年龄层次及活动需求的多样性，尽量营造多种可以让人驻足停留的趣味小空间，我们通过繁花之园、自然之园、丰收之园这三大主题分区实现了步移景异、动静相宜的居住体验。

　　通过对雾霾及严寒气候的分析，我们在上风向对植物多层密植，有效阻挡冬季的寒风以及严重的PM2.5，部分地段则采用通透性高的乔木，让温暖的阳光渗透。春夏季节北京逐渐趋于炎热，我们选择分枝点较高且冠幅较大、

传统设计与生态设计的对比

传统设计

生态营造

传统设计

艺术设计

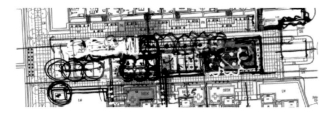

传统设计

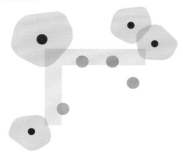

互动场景

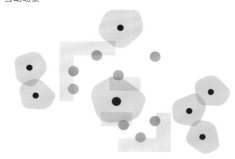

总平面图

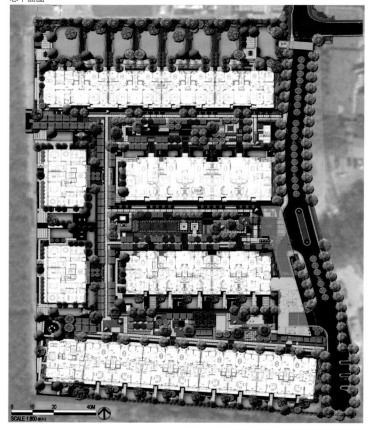

是对抗风沙能力较强的乔木，低密度低层灌木及地被，以保障夏季温润的东南季风透过植物以后能凉爽舒适。以植被种植引导鸟类活动轨迹，形成内外环境、动植物之间的良性循环。我们希望通过合理的空间布局，水循环结构、环保材料的运用，建立起一个生态、水、大气的循环系统，促进内外环境的改善，打造更加优质的居住环境。越来越多的人开始向往"诗和远方"，我们探究人与自然的相处之道，鼓励大家将活动空间伸延到小区外部的环境中去，实现人与自然更为丰富的交流与互动。通过人们的活动加深功能与流线上的联动，这样内外空间中新旧环境将不断相互作用与改善，不同阶层之间也将逐渐融合，形成一个整体联动的生态人居关系。

和谐化处理，赋予每个细节灵魂

我们选择镂空的铁艺屏风将景观空间进行分隔，从而打造最适宜的立面尺度，丰富空间层次感。在建筑前利用水景与艺术小品增添空间趣味与灵动，而其造型皆提取至花朵、树叶、动物等自然的元素，每一处细节都是设计师们向大自然的致敬。

由于北方冬季气候寒冷干燥，我们利用特殊材质铺装降低用水要求，夏季是流水潺潺，冬季将水放干却又是另一番别致景象，各种材质与流水的韵律在自然空间中相互渗透，勾勒出整个空间的灵动性。

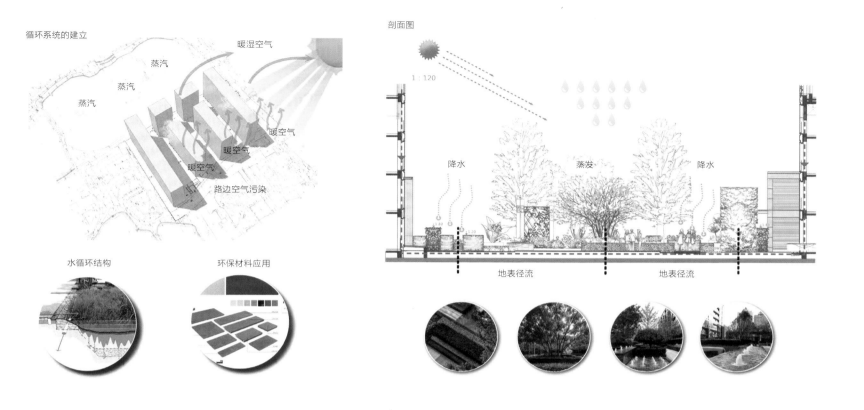

循环系统的建立

蒸汽
蒸汽
蒸汽
暖湿空气
暖空气
暖空气
暖空气
路边空气污染

水循环结构

环保材料应用

剖面图

1 : 120

降水
蒸发
降水

地表径流
地表径流

不同群落的抗 PM2.5 能力

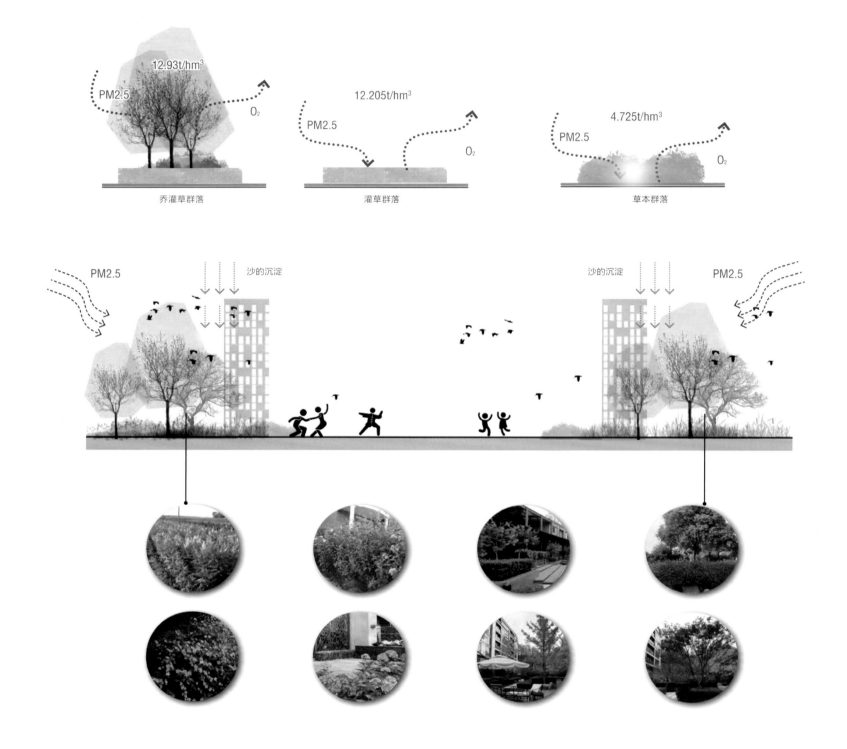

12.93t/hm³

PM2.5

O₂

乔灌草群落

12.205t/hm³

PM2.5

O₂

灌草群落

4.725t/hm³

PM2.5

O₂

草本群落

PM2.5

沙的沉淀

沙的沉淀

PM2.5

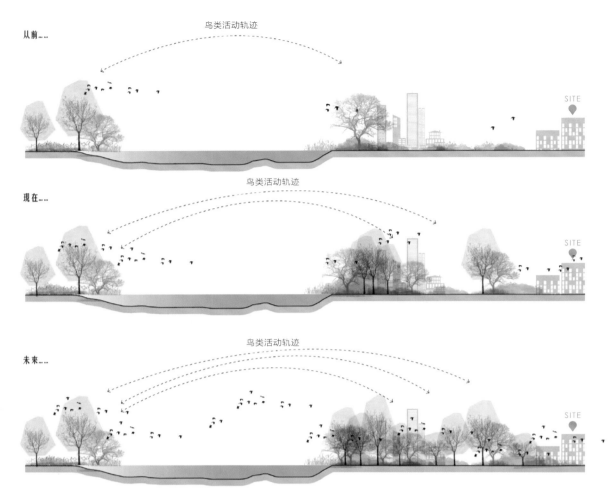

从前......

鸟类活动轨迹

SITE

现在......

鸟类活动轨迹

SITE

未来......

鸟类活动轨迹

SITE

鸟类引入示意图

引鸟植物图

中国，深圳

Shenzhen Bolin Tianrui Garden

深圳博林天瑞花园

新加坡贝森豪斯设计事务所 / 景观设计

建成时间：

2017年

摄影：

罗志宗

面积：

50,000平方米

业主：

深圳博林集团

现代久居喧嚣都市、为工作生活日夜忙碌的人们，渴望远离纷扰嘈杂，憧憬自然关怀的归家体验。博林天瑞项目纵览深圳绵延的塘朗山脉与广阔的西丽湖水源保护区，拥有得天独厚的自然环境。贝森豪斯秉持国际化的人居理念，历时三年打磨别具一格的"原生态之境"园林景观，使人们不必效仿美国诗人梭罗择密林隐居，在繁华都市中便能找到亲近自然的完美慢生活。

原生态之境：博林天瑞花园

在大自然的奇妙力量下，建筑的直线线条被柔和地融解。景观设计恰到好处的弱化了硬朗的建筑线条，并伴随不同的时间与角度而不断变化，带来尺度宜人的舒适空间。利用起伏较大的地形条件，以现代设计手法于入口处提取弯曲流线，景墙立面取山峦起伏之势，细小的灯光被紧密有致地安装在米白色的石头饰面中。居者伴随令人心旷神怡的风景拾级而上进入小区，一切压力与烦扰得以释放，漫步归家，温馨安宁。

慢生活空间

高层建筑在四周形成围合，为景观预留足够大片空间去契合自然。设计意在使人直接感受到行走其中的悠闲与趣味。城市的气息被阻隔在外，花园中只留下惬意从容，静谧放松的时光。阳光穿过廊架落下斑驳的影子，走过满满绿意的步道，空气中弥漫着花草的芳香，一切都那么平静和舒适。简洁却充满现代感的沙发、座椅、艺术雕塑沿途自由分布，撩拨生动。渐冒出草皮的石子搭建的小路引人留驻遐思，在植物的变化中引发了无数意趣。

室内空间和室外空间的穿插融合，无论在炎炎夏季抑或潮湿雨季，都有让你独处小憩或与朋友促膝而谈的理想庇护所。泳池里的SPA和休闲吧则提供放松的下午和温暖的夜晚。孩子每天都可在此探索到自然界的神奇：漂亮的树叶、五彩的花朵、舒展的草坪和歌唱的小鸟……忘却时间，抛去杂绪，最为真实的便是眼前大自然给予的亲抚与安慰。

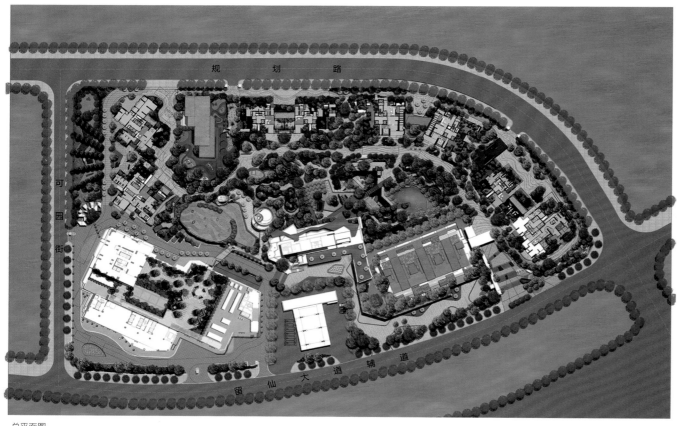

总平面图

友睦邻里：自然亲切的互动交往

设计在花园中设置了2.5千米长的休闲漫步道，围绕曲折有致的园路，悠然自在的慢生活由此展开。配套设施一流的幼儿园、简约大气的商业街、优雅时尚的艺术架空层……创造了360度全方位的功能空间与交流平台，衔接与联动自然而巧妙，并注重细节的考虑。设计通过对生态、未来与品质的深度思考，营造充满意境的空间体验与舒适恰当的空间尺度，为邻里文化塑造一个最佳交互平台，使人们回归纯洁质朴的邻里交往，成就新生活的邻里关系。

阳光车库

设计采取垂直绿化的方案使人们与自然零距离接触，从而享受到最大化的生态资源，任何一个角度都是立体景观。位于中心花园的4层阳光车库亦是设计的亮点之一，为居者的爱车提供最大限度的通风采光。在绿植的影影绰绰中拾级而上，扑面而来的新鲜空气使人顿感精神愉悦。

天空之境

　　博林天瑞的无边际双层玻璃泳池——"天空之境"，以南太平洋静谧的海岛为设计灵感，也是中国首个水立方复式观光泳池。通过上下两个无边际泳池的叠加，天然与时尚，活力与休闲依存共生。池底波浪般的拼贴马赛克线条优美，配备折叠式躺椅的日光浴开阔露台，和心爱的家人在夕阳下嬉戏玩耍，水天一色，感受天地间自有的抚慰力量。

　　在这里，你可以呼吸泥土花草的芬芳，聆听清脆的鸟鸣，仰望微风的形状，还可以捕捉四季流转中留下的痕迹。我们期待邻里的互动、季相的变化与大自然的亲密，一切快乐的感受都在五官的行为间不经意发生。

　　与自然的感性接触让人维持心境的从容，理性的功能布置则使人把握生活的本质。在这样的景观环境中漫步徜徉，不由自主地探索外界与内在，顺应季节更替，倾听自然的声音并与之互动，随岁月洗练而投向意味深长的博大境界，于繁华都市间达至栖居自然的生活理想。

建成时间:

2018年

项目团队:

楼颖、毛征、徐跃华、苏子珺、刘升阳、吴宪

雕塑制作:

广州璟灏雕塑

施工单位:

深圳璞道

摄影:

张学涛

项目面积:

47,560平方米

广东，佛山

Vanke Golden Riverside Phase II Kick-off Area

万科佛山金域滨江
二期首开区

IF本色营造／景观设计

　　设计的初衷源于生活。中国是一个快速发展的国家，每座城市都在高速运转着。广东佛山也是如此，人们在这样一个喧嚣忙碌的大环境中工作和生活着，心境难免疲惫与烦躁，因此，在项目启动之初，与其说做一个充满"亮点和场景"的环境美化，我们更希望通过景观来传递、感染和调剂人们的生活方式、心理状态以及与自然之间的关系，塑造一种帮助人们回归最简单真实状态的景观。而这样的出发点，对于一个江景高端居住产品来说，也许是恰到好处的：它的客户群相对来说是有一定品位和见识，到了一定人生高度，他们对于景观的理解和需求可能已经超出了市场所体现出来的常规形态，他们在追求一种更高内涵的低调，却不失品质和真实的未来生活。

　　此次景观设计呈现的是金域滨江二期项目的首开区，这里是未来整个社区归家的第一层级空间，景观想创造一种进门即可逃离外围喧嚣都市的归隐感和对比度，一种让人回到家就能沉淀下来的平静和内敛，它就像一个绿色过滤器，把客户身上的尘土，心灵深处的杂质，在这4000平方米的翠绿和洁白这两种色彩里净化过滤完成，正所谓"隐一处世外桃源，品人生之繁华"，与最亲密的家人、志同道合的朋友共享生活的点滴美好，回归内心的安宁，给客户带来具有区分度和辨识度，并体现身份的景观ID。

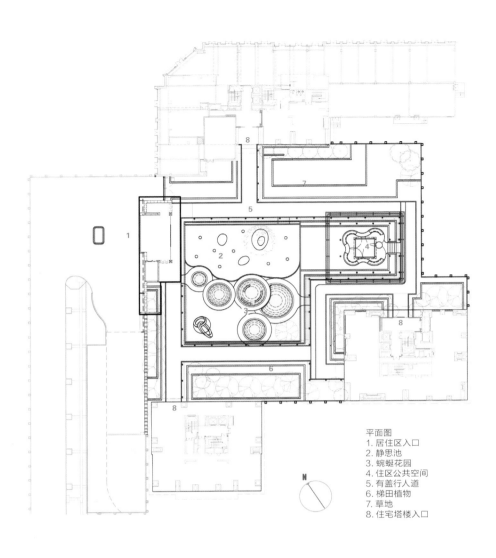

平面图
1. 居住区入口
2. 静思池
3. 蜿蜒花园
4. 住区公共空间
5. 有盖行人道
6. 梯田植物
7. 草地
8. 住宅塔楼入口

N

我们从三个方面入手开始方案构思：

1.便捷快速的归家流线。我们用最直接的方式（而非曲折蜿蜒）将人们与楼宇之间联系起来，形成快速归家、快速出门的通过性流线，把本身不大的庭院最大化和中心化。

2.简约统一的材质和色调。从即视感出发，首开区几乎只用了两种色调的表达——绿色和白色（绿色是最令人放松的颜色，白色是最干净的颜色）。

3.弹性灵活的功能空间。我们认为未来是一个社交社会，居住区里亦是如此，因此在设计中我们尽可能预留一些可以用来聚会、交流的场所，而并不是靠繁复的绿化去填塞空间而牺牲了未来大量人流活动的可能性。

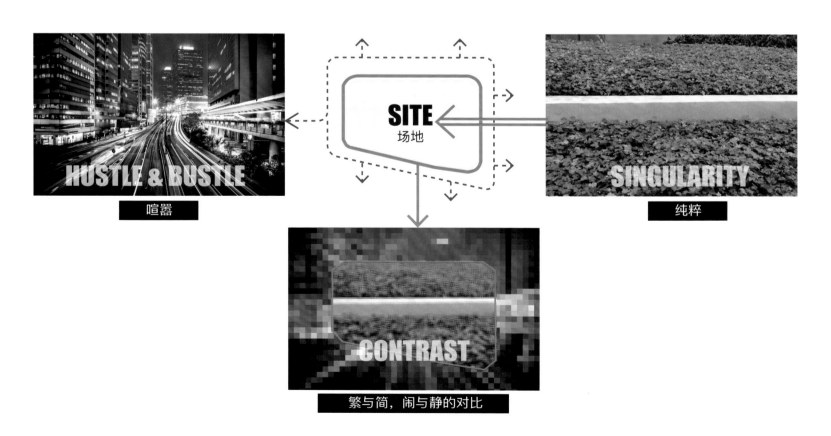

HUSTLE & BUSTLE
喧嚣

SITE
场地

SINGULARITY
纯粹

CONTRAST
繁与简，闹与静的对比

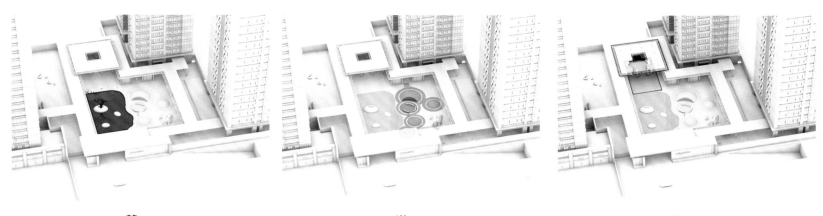

静水空间   游憩空间   聚集空间

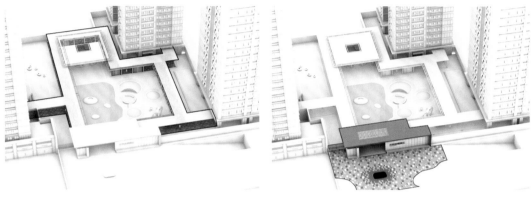

回廊空间   入口空间

倒影亭细节图

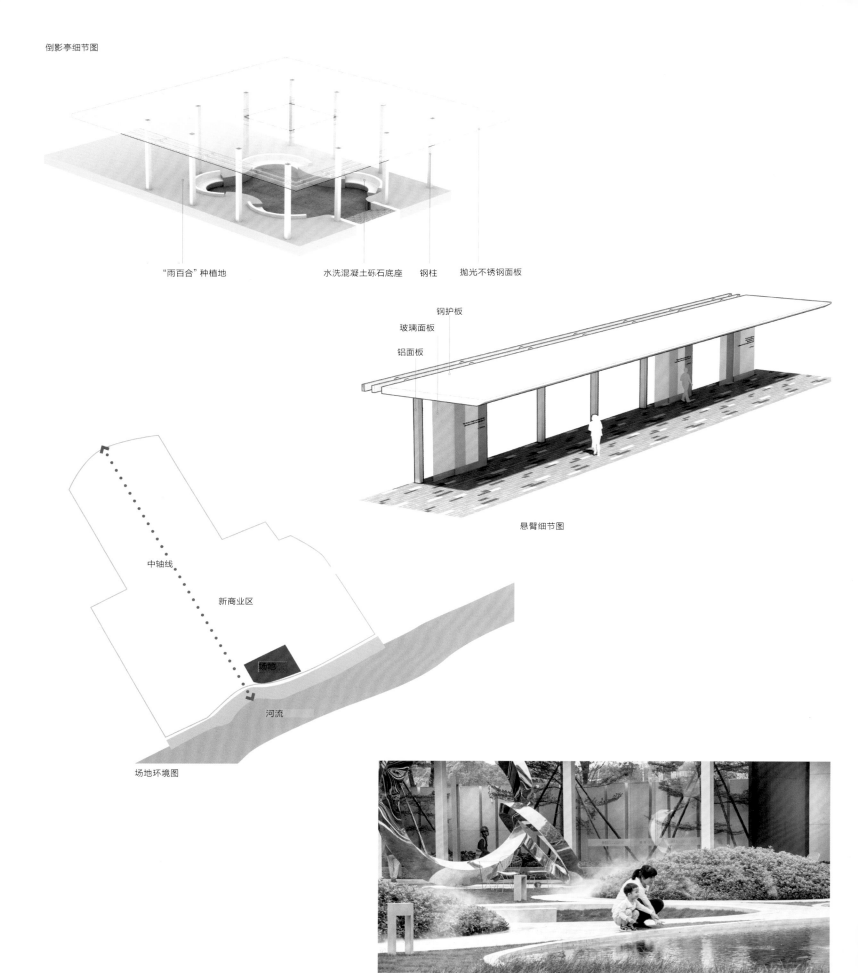

"雨百合"种植地　　　　水洗混凝土砾石底座　　钢柱　　抛光不锈钢面板

钢护板

玻璃面板

铝面板

悬臂细节图

中轴线

新商业区

场地

河流

场地环境图

云南，昆明

Oriental Masion, Kunming

昆明中南碧桂园樾府

水石设计 / 景观设计

建成时间：

2018年

摄影：

日野

项目面积：

61,000 平方米

业主：

中南集团

总平面图

一颗印 建筑与景观的互成

项目地处云南，在一个充满特色风情的美丽城市里，自然要造一个与它相称的东西。挖掘云南文化，打造具有云南特色的项目，也是业主一直的坚持和追求。

"一颗印",作为云南特色建筑形式,对其形式和空间内涵的挖掘,成为本次项目团队的灵感来源。以"一颗印"为原型,建筑取其方正之姿,定项目之态,景观则从"天井"开拓延展,从天井到外院,保建筑方正之姿,又破其闭塞之感。建筑和景观在一种"互成"的状态中,将场地活络开来,形成一座房子和两个院子的场地基本布局。

梯田与山门 场地记忆中的属性

该以何种方式进入场地?可以说是设计师最为头疼和最需拿捏的事情。它影响着怎样起始一个有度的空间序列,怎样开启一段有趣的空间体验。

项目场地内部高出市政道路约2米,且南侧和东侧为小区公共绿化带。设计灵感来源于云南的多彩梯田,用花海梯田的方式化解高差,形成项目场地的第一道城市界面,围而不障,用带有田园记忆的方式勾勒场地边界。飞檐、木构,用现代方式重构传统元素,成为院门最大的特色。右侧的伞骨半开,支撑起飞檐,山形折叠的推向左侧。利用飞檐的形式动感,巧妙地搭建出入口的转换空间,将西侧停车场的入口自然的纳入其中。这片搭着那片,如瓦帘顺着檐口而下,结合水景,形成独特的景观空间体验。

瓦构筑的天地 纯粹之下的场地意境

拾几级台阶,则进入第一个大开空间,即第一个院子。瓦不仅带有强烈的文化属性,同时还是一种廉价易得的建筑材料,因此成为主要的设计材料。设计以一种纯粹的方式,用瓦铺就出一片天地。叠叠墨瓦配着薄水一片,红鱼三两结群在水云间掠过。意境的营造成为前院最大的设计亮点。

石桥边有亭 传统和现代的光影回应

水景是脚下的波动,而好的景观则是眼之所及,需有回应的。亭子作为水景和建筑之间一个体量和空间的过渡,也是景观在空间上立体的回应。

石桥,微拱,一条自然的弧线将视线引向另一处。纯粹的几何形体,现代的金属线条,这是与瓦截然相反的气质。而设计的巧妙是将亭子的体

量虚化，将形式简化，在光影间加入现代的气息。

飞檐顾影 低调之中的包罗万象

在水面上行走，一折、两折，最终迎着一棵虬枝黄杨桩，在三折之后，进入建筑区域。在这段行进中，建筑和景观处在一种默契的平衡之中。建筑体块变化，白墙黛瓦，屋檐延伸舒阔，景观以水为布，以恰当的姿态展示建筑的不同风情。水光潋滟，潜行云间。

内庭天井 点睛之笔下的天地

这是一个约18米x26米的内庭，是由"一颗印"的天井演变而来，但尺度依据建筑和前场院子做了适当调整和放大，约是建筑的四分之一，前场的三分之一。内庭延续外院的设计手法，瓦、石汀、砂石、置石、水、景树为主要的设计元素，用比较克制的方式去展现建筑、天空和云朵的关系。内庭主景是石汀旁一块架于水面、与落水结合的大型置石，旁边植立一棵虬松。跨水景的石汀联系南北，推敲过的尺度保证最宽处至少1米，避免细碎的布置形态。

四川,成都

Oriental Mansion, Binjiang

滨江·樾府

四川蓝海环境发展有限公司 / 景观设计

建成时间:
2018年
主创设计师:
刘泽平
摄影:
高汉杰
项目面积:
15,889平方米

主理景观设计的蓝海设计团队,基于对传统庭院营造的研究,结合场地特质规划多重组织形态与空间结构,吸收更加多元的表现形式和设计元素,营造滨江·樾府以功能性为主,展现新东方美学的府院文化交际空间。

滨江·樾府位于东中环川师板块,地理位置优越,其主入口空间与一般传统对称格局不同,利用现有的进深关系营造出半包围式的向内空间,以更纯粹的建筑语言发声,通过光影及更具视觉冲突感的材质组合,顶部以柔亮光源带点缀,门扉半开迎客的文儒气,营造一种欲显还隐、引人入胜的初始印象。

造境借鉴古建礼制的同时,遵循当地气候环境,结合现代审美意趣,凸显项目本身独特的景观风格。

穿过迎宾厅,移步园林内,山林野径柳暗花明,万千气象徐徐舒展。后场空间作为还原未来生活场景的场所,我们希望它是更加自由和开放的,借助建筑空间的对称感,将景墙延伸穿插,形成高低层次的递进空间。

以细腻的精铸用材模拟自然中的山光水影,以平常之物来雕刻生活中的诗情画意。格栅围和,围而不隔,隔而不断,秉天接地,与多品种绿植进行多层级搭配,穿插与营造各个情景空间。

整体舒朗流畅的动线设计,在无形中将精练的硬景与软景相融,以不同材质、元素的组合运用,构成现代人心中的山水意趣。

从入口的灵动飞扬到院中的沉淀糅合,蓝海旨在展现一个随着时间而跃动的诗意空间。不同的场地、不同的季节、不同的光线,结合现代设计语言来表达东方意境,将滨江·樾府自然的与周围环境相联结,展现其隐于都市的儒雅风范,营造出独属滨江·樾府自然隐适的宅第花园景观。

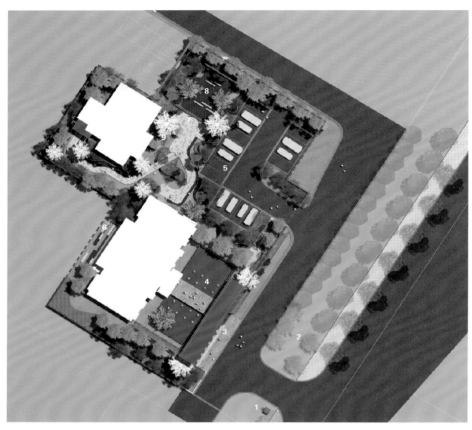

平面图
1. 景观标志
2. 景观绿化带
3. 入口大门
4. 静水面
5. 停车场
6. 后场景观
7. 会客厅
8. 山水景观
9. 休闲草坪

 设计范围线

原有围墙

N

江苏，苏州

One Majesty

中粮·天悦

源创易集团（中国）有限公司／景观设计

建成时间：

2018年

摄影：

张坤|繁玺视觉

项目面积：

19,800平方米

业主：

中粮置地

施工单位：

浙江舜杰建筑集团股份有限公司

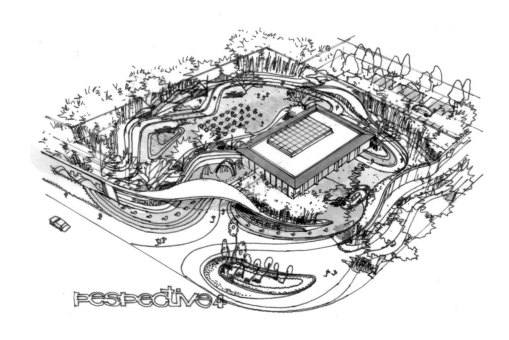

区域环境

本案位于享有第一批国家历史文化名城、风景旅游城市称号的苏州，有着不可估量的文化旅游价值。同时作为中国私家园林的代表，其浓厚的文化底蕴使之成为南方园林的代表。然而，在多元化发展的当下，如何不迷失在这江南烟雨之中，走出被多重古典文化包夹的困境？

记忆中，苏州如同一位温婉秀丽的佳人，绕着吴侬软语之音，行走在水乡风光之上；苏州又是一名看透时光流转的长者，不骄不躁的守护着这处古城文脉；而如今，苏州更似一个阳光的青年，秉承千百年文化的积淀，撰写着江南都市的未来。中粮·天悦在姑苏城这个强大的文化背景之下，寻求文化古城与现代都市的临界点，打造一处与江南水乡融为一体的理想居所。

打破形式上迷恋中国风的桎梏

以灵动的手法，对传统美学进行解构重组，这是传统与现代的灵魂碰撞，也是对姑苏城这片文化圣地最深情的致意……

本案以"流动的自然"为主题，将苏州园林中传统的审美情趣进行提炼，将太湖石"皱、漏、瘦、透"之美抽象化处理，并运用于空间层次变幻上，旨在打造一场别样的苏式格调。

皱——流景扬辉的香水门庭

为了与外部空间进行分割，此处用了景墙进行分隔。自然流动的曲线沿着景墙向下延伸，将原本已经分离开的空间瞬间打通了，虽然无法直接走过去，但是内廷的光景几乎一览无余，不经意间两个空间已然折叠。似隔非隔的设计手法既保证了空间相互之间无直接干扰的同时，还加强了空间的连贯性。

曲线流转于平地之间。为了打破场地的生硬感，本案地面铺装大多数均以弧线形式进行铺设。除石材以外，主要的景观节点处还将条状的不锈钢金属嵌入地面，在丰富界面的同时还起到了引导指示的作用。

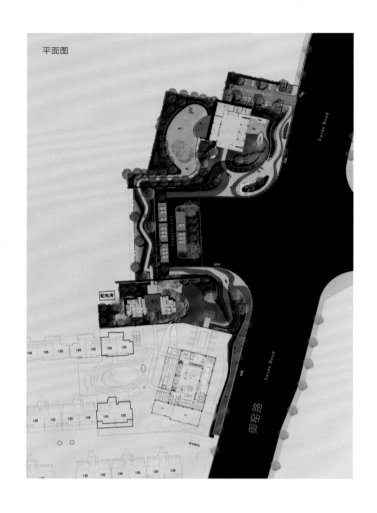

平面图

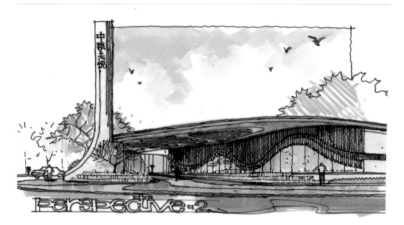

漏——影影绰绰的迎宾门厅

半透明的外立面加上曲线环绕的格栅在保证建筑主体内部私密性的同时还给人无限的遐想，从而达到引人入胜的目的。在光影变化的环境中，透光的磨砂玻璃与略微反光的拉丝面不锈钢金属材质的结合加深了环境对景观的影响，不自觉地便把周遭的自然山水引入其中。

曲线飘荡于顶盖之上。两个主入口的顶盖均采用了不规则的曲线形式，与细长的格栅拼接在一起，轻盈飘逸的同时又不失端庄大气的风范。拉丝面不锈钢的应用在此处显得格外耀眼，金属材质的性质确实与古典一词格格不入，但是其自带的柔和的反光效果在这种大环境中显得尤为和谐。有时候，让古典顺从时代的发展并非不合适。

図例

- →　车行流线
- ⊙--→　TAXI 车行流线
- ○—→　人行看房流线
- •······→　人行返回流线
- ○—→　次人行流线
- ▨　停车场
- ☐　临时售楼处
- ▨　样板房

瘦——无处不在的细节引导

　　自然流动的曲线无论是在整个大的平面布局还是小的细节设计上都有应用。细长轻盈的曲线将原本单调呆板的场地温柔的划分开了，力度张弛有度，轻盈徘徊，在开合回转间都将每一个空间紧密的串联起来，各自特色独立但又互相连接。

透——昭示性前场空间

　　在较为平坦的十字路口环境中，中粮·天悦项目景观规划以传统"八"字形开口，在保证两块场地互相之间通透连贯的同时，运用高大的立面形象来提升项目的标识度，给人们带来强烈的视觉冲击。

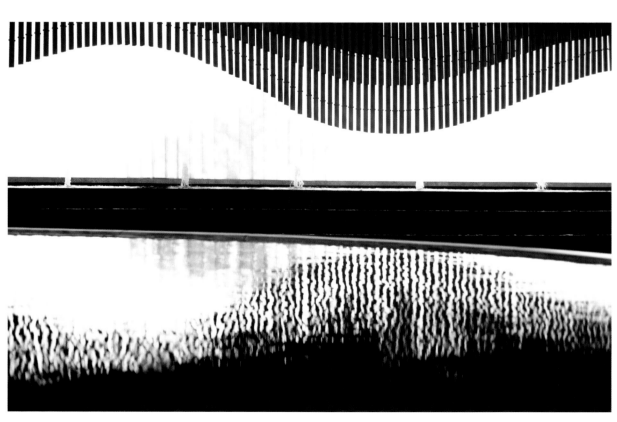

重庆

Toggle Navigation

泰吉同诚悦府
——城市里流动的空间

道远景观 / 景观设计

建成时间:
2018年
摄影:
Holi河狸景观摄影
项目面积:
12,000平方米
建设方:
重庆隆高房地产开发有限公司

　　打破传统地产示范区的做法，结合商业建筑的布局，从城市的角度出发，给城市注入新的活力，释放出更多的公园空间给与市民很多参与的可能性。同时，建立在合川本土文化的基础上，融入江水的机理，创造一个流动的城市空间，它像细胞蔓延生长，力量在血液里澎湃，如此有力！

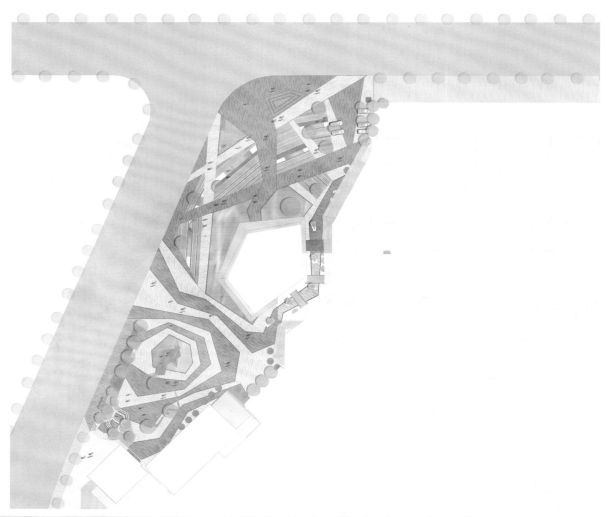

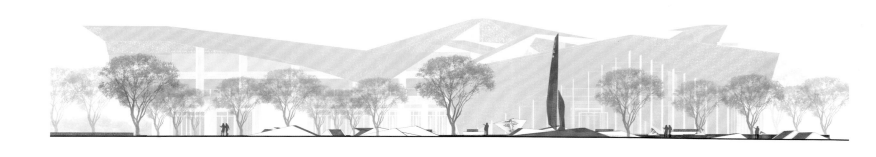

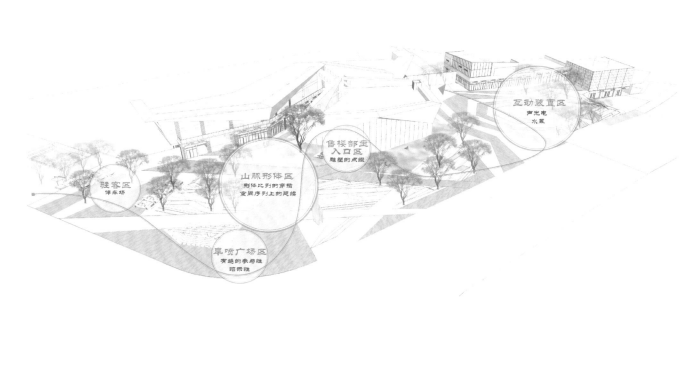

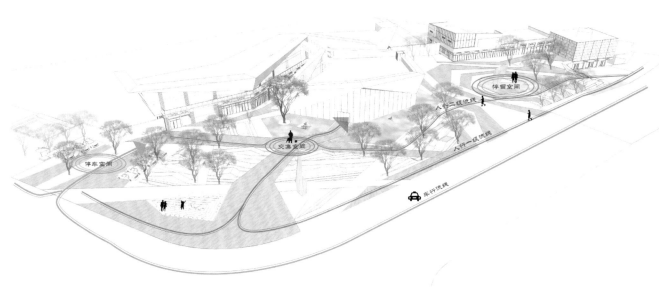

建成时间:
2018年
项目面积:
101,000平方米
委托方:
重庆普罗旺斯房地产开发有限公司

山水里巷

山水自然融于生活空间
探寻返璞归真的心灵归宿

寻 SEARCHING　缘 WALKING　观 WATCHING　栖 LIVING 里巷

湖 CLIMBING

逐 CHASING

溯 WALKING

栖 LIVING 里巷 ALLEY

缘 WALKING

观 WATCHING

寻 SEARCHING

栖 LIVING 里巷

重庆

Yushun Maolai Mountain Residence, Chongqing

重庆禹舜茅莱山居

水石设计 / 景观设计

巧用自然条件,推敲生活空间尺度,予空间情感与灵魂,用自然之山、石、竹、溪、松、泉,"明月松间照,清泉石上流"融入园景空间,栖居自然成为一种生活方式。

1.天生山水,藏的一身好骨

本项目位于重庆市璧山区,属于重庆市自然生态保护区域,西邻近滨湖湿地公园,且为河景观带,环境条件十分优越。高转回落的场地条件从一开始就决定了项目场地设计的复杂性和挑战性,但这同时也赋予了场地独特的性格。项目利用场地高差,借势引水,带入空间的活力和联动。流水处理成层层跌落的溪流,打破了原有的宁静,给沉稳寂静的空间增添一丝流动性。

设计依托场地良好的自然资源,全力打造都市中"隐居自然"的生活方式。项目巧借川西民居的空间,营造活力社区,塑造三街六里十八巷的院墅生活场景,打造山隐画屏、桂雨飘香的院落空间,将山水里巷融入生活空间,探寻返璞归真的心灵归宿。

2.且听泉音,府苑归家的仪式之感

门楼三跨共24米,进深5.3米,高8米,屋檐飞展出1.8米,舒缓延展,气势宏阔。左右两跨分人行、车行,中间仿古代照壁文化的印制,石刻祥纹,两侧配曲折古典水纹样格栅,尽显山河之势。

门楼后,则是尺度适宜的灰空间入口,相较于门楼的气势,该空间的处理更偏向于细腻的手法。利用场地高差,黑色花岗岩水景侧边采用雕刻了水纹式样的斜面,落水淙淙,与水上静止的枯山独树产生动静呼应,又在细节上与中式传统主题相应。

3.山影画屏,院落里的第一道风景

景观中轴采用院落形式,第一院则是一个接近方形的半围合空间。它采用抬高式的盆景创意,以放大盆景式做法,增加枯山水韵味。盆景周边铺设黑色砾石,暗色铺装与盆景中的轻柔白沙,产生鲜明对比,共同营造出静谧的空间。

框景墙采用拉丝不锈钢,与白色花岗岩的运用显得轻巧又赋有设计感。树院是以开敞的方式呈现,深灰色的铺装在宽窄之间,将空间以自然低调的方式勾画出来,高起的树池配以一棵十多米高的乔木,成为全场的焦点。

4.石泉溪径,行走间的一湾清流

主轴延伸到石泉溪流,依据水的流转形态而成,与山川、河水的设计主题呼应而成,与主轴的围合、恢弘气势不同,该处希望营造自由、闲适的园路空间。大区以溪水淙淙下落的方式,平静地诉说一草一木的恬静与优雅。

置石的造型是由水生态的形状叠加而成,顺应地势空间,层层跌落,营造潺潺流水的景象。选用长条石材,并配合弧形喷泉,使得空间欢乐惬意。

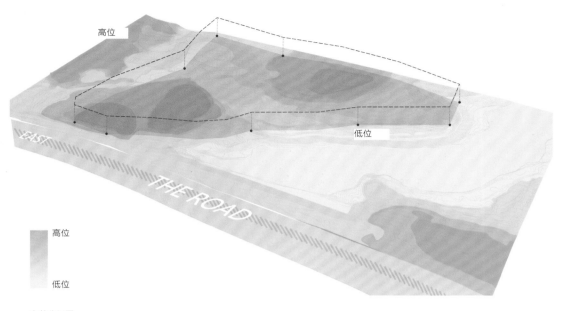

高差分析图

流水 FLOWING WATER　听泉 LIISTEN TO THE SPRING　触雾 TOUCH THE FOG

分析图

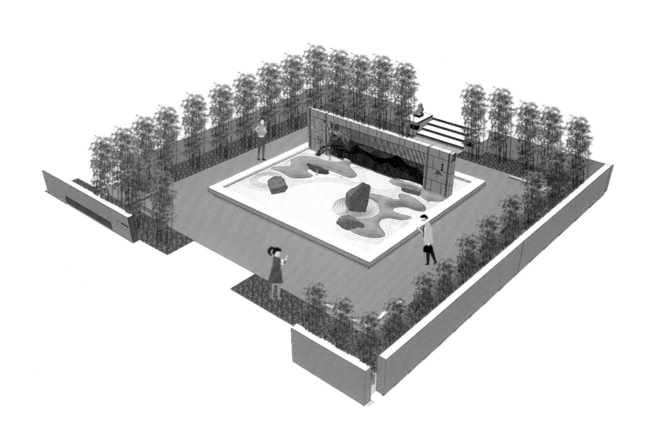

5.朱门绣户，传统院落民居的回归

三街六里十八巷，大区的巷道采用近人的空间尺度，通过对院落围墙高度的考量，虚实墙体的设计，软景植物的围合来增加空间的亲近感。

巷道入口节点放大，采用退、折、隐的设计方法，避免一条到底，一眼望穿，使得归家之路也可曲径通幽。

入户采用民居样式，青砖朱门，传统纹样的装饰更是别具匠心，整体颇有传统韵味。

6.示范区回顾（2016年建成）

已作为永久保留的项目示范区更是在项目伊始就展现出高品质、高水准的设计效果，团队以始终如一的态度对待从示范区到大区的全过程设计。

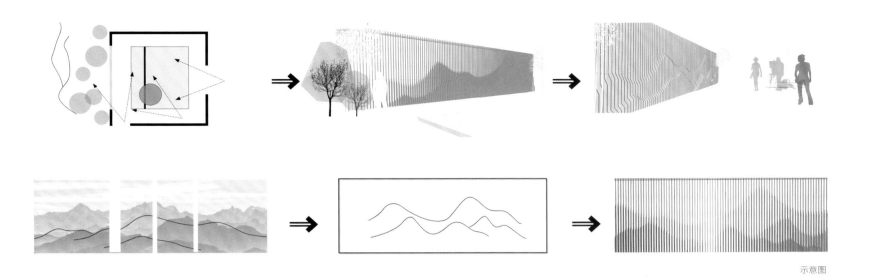

示意图

深圳，罗湖区

The Paragon

中海·鹿丹名苑

SED新西林景观国际／景观设计

建成时间：

2018年

摄影：

车凯

景观面积：

67,169平方米

项目位于深圳市罗湖区，两水会聚之地，占据龙头之位地势优越。

秉承其最初的高端定位，SED新西林将延续鹿丹村的传奇，并围绕"温暖时光"这个主题娓娓道来，刻画项目的过去、现在、未来。中海·鹿丹名苑在打造现代典雅的建筑风格的同时，采用现代风格景观，力求打造引领住宅景观未来十年潮流的住宅景观设计。细节设计上讲求钢筋混凝土梁柱在形式上的精美，强调体块之间的关系，生态自然化、智能人性化、参与功能化、人文品质化，前沿不失亲民，创新设计思路，打造精致、高端的温暖社区。

三个首创，六个全。

首创温暖园林——阳光倾城，温暖家园

全国首创"温暖园林"社区，关怀备至的人性化社区。

首创海绵社区——打造绿色、生态、科技人居

首例应用海绵城市理念，于社区倡导生态社区。

首创双栖泳池——最昂贵蓝宝石大理石铺材

首创跨季双栖多重功能泳池空间，激活泳池冬季功能使用。

方案总平图
Master Plan

平面图

全视线双子文昌亭——引领高端住宅标杆
打造绝无仅有的稀世无敌山水全景视线。

全节气千米跑道——最美四季夜光跑道
首创99米夜光跑道+1200米24节气主题四季跑道。

全彩生活泛会所——营造最多彩社区生活
户户尊享玖彩至尊泛会所。

全智能互动景观小品——让科技引领生活
场地情景化照明+入户道路更人性化服务，更互动的体验。

全龄全季活动场所——专属运动乐园
为不同年龄层住户特设全年四季皆可参与活动的空间。

全五道养生系统——感官全新体验
嗅、味、听、视、触五重感官空间设置的修身养生的理想居所。

主　编：杨学成
执行主编：梁尚宇
编委（排名不分先后）：

俞孔坚	张方法	林坚美	常骥亚	李　飞	黄颖秋	谷婉煜
张文英	肖星军	黄文烨	苏春燕	郑益毅	何铭谦	梁恺峰
冯劲谊	梁丽玲	陈乐乐	栾博	王　鑫	金越延	夏国艳
白小斌	凡新	刘拓	邵文威	刘通	郁聪	黄嘉瑶
王塬锐	刘喆	李雯	王兆迪	赵金祥	粟淋	张小康
陈鹏	何宏权	张杰	傅国华	蹇先平	宋正威	杨佳佳
楼颖	毛征	徐跃华	苏子珺	刘升阳	吴宪	刘泽平
萧泽厚	敖卓毅	余陈华	洪庆辉	冯诗瑾	刘学发	林庭羽
贝龙	李芳瑜	任霈涵	许宁吟	彭涛	林逸峰	吴孛贝
王裕中	黄婉贞	徐瑞绅	李中伟	钟惠城	林楠	梁宗杰
蓝浩	李瑛	陈道庆	桂博	章世杰	刘洪扬	陈曦
魏昆	王开元	肖琳	王鑫	张萍	邱千元	任雪雪
周钶涵	郑瑞标					

图书在版编目（CIP）数据

中国景观设计年鉴 2018-2019 ：上下册 / 《中国景观设计年鉴》编辑部编．—沈阳 ： 辽宁科学技术出版社，2019.8
ISBN 978-7-5591-1161-6

Ⅰ．①中… Ⅱ．①中… Ⅲ．①景观设计－中国－2018-2019 －年鉴 Ⅳ．① TU983-54

中国版本图书馆 CIP 数据核字（2019）第 075411 号

出版发行：辽宁科学技术出版社
　　　　　（地址：沈阳市和平区十一纬路 25 号 邮编：110003）
印 刷 者：深圳市雅仕达印务有限公司
经 销 者：各地新华书店
幅面尺寸：240mm×305mm
印　　张：75
插　　页：8
字　　数：800 千字
出版时间：2019 年 8 月第 1 版
印刷时间：2019 年 8 月第 1 次印刷
责任编辑：宋丹丹　杜丙旭
封面设计：何　萍
版式设计：何　萍
责任校对：周　文

书　　号：ISBN978-7-5591-1161-6
定　　价：618.00 元（上下册）

联系电话：024-23280070
邮购热线：024-23284502
http://www.lnkj.com.cn